U0161612

本书为 2019 年度黑龙江省经济社会发展重点研究课题外语学科专项“文化强国语境下《中国节日民俗辞典（汉俄对照）》的设计与编撰”（外语学科专项，项目号：WY2019047-B）的成果。

| 多维人文学术研究丛书 |

俄汉—汉俄科技术语词典编纂理论研究

张金忠　袁丹　陈晶 | 著

图书在版编目（CIP）数据

俄汉—汉俄科技术语词典编纂理论研究/张金忠，袁丹，陈晶著．—北京：中国书籍出版社，2020.1

ISBN 978 - 7 - 5068 - 7695 - 7

Ⅰ.①俄… Ⅱ.①张… ②袁… ③陈… Ⅲ.①科技词典—词典编纂法—理论研究—俄、汉 Ⅳ.①N61②H06

中国版本图书馆 CIP 数据核字（2019）第 290845 号

俄汉—汉俄科技术语词典编纂理论研究

张金忠 袁 丹 陈 晶 著

责任编辑 陈永娟 刘 娜

责任印制 孙马飞 马 芝

封面设计 中联华文

出版发行 中国书籍出版社

地　　址 北京市丰台区三路居路 97 号（邮编：100073）

电　　话 （010）52257143（总编室）　（010）52257140（发行部）

电子邮箱 eo@ chinabp. com. cn

经　　销 全国新华书店

印　　刷 三河市华东印刷有限公司

开　　本 710 毫米 ×1000 毫米 1/16

字　　数 197 千字

印　　张 15.5

版　　次 2020 年 1 月第 1 版 2020 年 1 月第 1 次印刷

书　　号 ISBN 978 - 7 - 5068 - 7695 - 7

定　　价 95.00 元

版权所有　翻印必究

前 言

随着中俄面向21世纪战略协作伙伴关系的确立，两国的合作和交流全面展开。科技合作的比重越来越大。1997～2004年，共有近300个项目列入政府间科技合作计划，涵盖领域十分广泛。2006和2007年中俄互办国家年，两国科技领域的合作进一步升级。2009年中国俄语年以及2010年俄罗斯汉语年将进一步把中俄两国在人文领域的全方位合作水平推向新高。为了做好两国的科技与人文领域的交流工作，必要的工具书，特别是包括汉、俄两种语言的科技术语词典须臾不可或缺。然而，我国的科技术语词典，涉及汉、俄两种语言的，无论从已有词典数量和质量上说，还是从理论研究深度与广度上讲，都根本无法同语文词典编纂相提并论。尽管俄汉科技术语词典（所谓的解码型词典，主要供阅读和理解俄语科技语篇使用）的数量很大，但编纂质量仍不容乐观，编纂中的创新成分不多。汉俄科技术语词典（通常所说的编码型词典，主要用来生成语篇）的数量少，质量也不高。被经常使用的主要有两部：一部是1992年出版的《汉俄科技大词典》（上下卷，黑龙江科学技术出版社），收入150种左右学科专业的约50万词条；另一部是1997年出版的《汉俄科技词典》（单卷本，商务印书馆），共收汉语科技语词约7.5万条，涉及40余门学科。表面上看，两部词典的收词数量并不少，收词的范围也很广，涉及学科较多，都是"名副其实"的综合性科技词典。如果把上述两部词典所收的词分别归入各个学科的话，它们在各学科中的比重则显得微不足道。有人做过统计，仅化学方面的术语就达100万个之多。综合性词典远远不能满足当今社会需求。遇到专业性较强的术语就必须到单科词典中去查找。然而，我国的汉俄单科科技词典也寥寥无几，仅有的几部也问题多多，关键时根本无法派上用场。从事科技语篇汉译俄工作者，在很多情况下只能是"寻典兴叹"，编纂出一套（系列）高质量、适用的汉俄科技术语词典自然是摆脱这种无奈局面的一个有效途径。要想编纂出高质量的词典，没有可便于操作的词典编纂理论显然是无济于事的。

在俄汉和汉俄词典（包括科技术语词典）编纂的理论研究方面，不论是文章还是专著，都是少之又少。以下一组数据很能说明问题：根据《二十世纪中国词典学论文索引》（上海辞书出版社，2003）提供的数据，其中收入的从20世纪50年代以来的词典学论文，涉及汉、俄两种语言的共有168篇，关于俄汉词典的有148篇，占总数的88%；有关汉俄词典的论文20篇，约占总数的12%。而其中科技词典，涉及俄汉科技词典的论文有7篇，占4%，汉俄科技词典的论文仅有1篇，所占的比例还不到1%。俄汉、汉俄科技词典编纂的这种现状，主要原因之一是，在我国无论是俄汉科技术语词典，还是汉俄科技术语词典编纂理论研究框架尚未搭建，自主创新的科技术语词典编纂理论模式无法形成。

在俄罗斯，词典学一直是重点学科，词典编纂的理论与实践成果斐然。俄罗斯的术语学及科技词典编纂实践和理论研究水平在世界上处于领先地位。但涉及具体的俄汉和汉俄科技术语词典，在实践上从未编纂过，在理论上也未曾进行具体研究。我国编纂俄汉和汉俄科技术语词典，俄罗斯术语学和科技词典编纂理论能够发挥重要的作用，可以用作科技术语词典编纂实践与理论研究的基础。

本书共分三篇：上篇阐述了术语学是俄汉和汉俄科技术语词典编纂重要的理论基础。俄国术语学作为世界上重要的术语学派之一，其实践层面的重要内容就是把术语学理论应用到术语词典编纂和理论研究上。俄罗斯术语词典编纂的成果十分丰富，理论研究处于世界前列，对我国俄汉和汉俄科技词典编纂均具有很强的借鉴意义和指导作用。中篇对俄汉科技词典编纂的实践成果进行了总结，以具体的俄汉科技词典为研究载体，探讨了该类词典理论研究的基本框架。下篇以汉俄科技词典编纂的实践成果为基础，通过对目前该类词典中一些典型问题的分析，研究了汉俄科技术语词典编纂理论的构架，提出了建构汉俄科技术语词典编纂理论的基本思路。

由于我们水平有限，书中缺点和不足在所难免，真诚希望读者批评指正。

目 录
CONTENTS

上篇　俄汉、汉俄科技术语词典编纂的理论基础

中篇 俄汉科技术语词典编纂理论与实践

下篇 汉俄科技术语词典的编纂理论与实践

上篇 01

俄汉、汉俄科技术语词典编纂的理论基础

第1章

俄汉、汉俄科技术语词典编纂的理论基础

1.1 术语学与词典学

术语学是一门新兴学科，它出现在20世纪30年代，而作为一门独立学科地位的确立则是20世纪60年代末的事。现有的百科词典，总会把“术语”列为条目，把“术语学”单独列为条目的恐怕还不多。

俄国的词典学研究与词典编纂成绩斐然。在俄国，词典学被看作是重点学科，处于领先地位。谢尔巴（Щерба Л. В.）院士被公认为词典学理论的奠基人。他的《词典学一般理论初探》（Щерба，1940）至今仍然被学界看作是词典学理论的经典之作。直到今天，俄罗斯的词典学理论研究和词典编纂实践的水准仍然在世界上处于前列。俄国又是一个术语学研究起步早、成果多的国家。特别是近半个世纪以来，术语学理论研究成为俄罗斯语言学研究领域一个新的学科增长点。俄罗斯术语学派早已被认为是世界四大术语学派之一。因此，想要了解术语学的学科状况，就不能不关注俄语的相关资料。最方便的选择应该是去查阅最新的《俄罗斯大百科》①（以下简称《俄百》）。阅读该书的“术语学”条目，也的确不会让人失望，其内容是相当丰富的。非但如此，许多观点

① 本处的《俄罗斯大百科》指的是最新的俄语维基百科全书，即 Википедия。

与提法还很值得仔细玩味、深入分析。如果能与条目外的相关叙述联系起来，那么，从中读出的意义就更不仅限于字面上的了。

首先值得注意的是“术语学”的外文表述——这里用的是 терминоведение，而不是 терминология。更值得注意的是，条目作者紧接着还特别注出，терминология 从修辞上来说已属“旧”。терминология 在其他西文中的对应词是 terminology（英）、terminologie（法）、terminologie（德）。最初，当术语学刚刚问世的时候，都是用 terminology 或 терминология 来表示“术语学”。至今在西文文本中仍延续使用 terminology 来表示“术语学”的也并不少见。但是，由于这个词还有某一学科“术语总汇”的意思，这往往就会带来许多不便。术语又是很避讳多义的，因为“理想”的术语应该是单义的。于是，在 1969 年，一位姓别图什科夫（Петушков В. П.）的学者提出在俄语里采用 терминоведение 代替 терминология 的建议。翌年，戈洛文（Головин Б. Н.）在他发表的一篇术语学文章中首次使用了 терминоведение 这个术语，不久被术语学界广泛采纳。随后，国际术语学界也倾向在英语中用“terminology scinece”来替代多义的 terminology。这里把 терминология 标注为“旧”，等于正式把“терминоведение”“扶正”，并宣布了这个取代过程的完成。

《俄百》把“术语学”定义为“一门从专业词的类型、产生、形式、内容（意义）与功能，以及使用、整理与建立等视点来对其研究的学科”。该条目接下来说，“术语学的发端与在 1930 年发表了开拓性著作的奥地利学者维斯特（Wüster E.，1898～1977）和俄国学者洛特（Лотте Д. С.，1898～1950）的名字密不可分。如今从事术语学理论问题研究的有一系列国家的几个重要学派，如奥地利－德国学派、法国－加拿大学派、俄罗斯学派、捷克学派等，他们因研究专业词的方法与层面之不同而有所区别；就研究规模与研究分量而言，居于领先地位的是俄罗斯学派，其成果体现为：有 2300 人通过了学位论文答辩，有大约 3500 个完备的学科术语”。

接下来，条目介绍了术语学在当前形成的一系列相对独立的研究方向。“首先可以把术语学分成理论术语学与应用术语学。前者研究专业词的发展与使用的规律，后者则是在此基础上制定旨在消除术语与术语集合的缺点，描述、评价、编辑、创建、翻译与使用术语的推荐方案及其实施原则。一般术语学研究专业词汇中存在的最一般性的特点、问题与演进过程，而个别术语学或称行业术语学则研究具体语言某一知识领域的专业词汇与概念；类型术语学对某些术语的特点进行比较研究，以便确定由于所反映的知识领域的性质不同，从而决定了这些术语的共同特点及其独有特征；而对比术语学则是对不同语言，如英语与俄语专业词汇的共性与特性进行对比研究；语义术语学研究与专业词的意义(语义)、意义的变化和各种可能的语言现象，如多义、同音异义、同义、反义、上位义等相关问题；而称名术语学研究专业词的结构形式、专业概念的命名以及选择最佳称名形式的过程等；历史术语学研究术语的历史，揭示其形成和发展趋向，以便据此为整理术语提供正确的建议。如今基于这一方向研究已经出现了一个独立的语言学学科——人类语言学。功能术语学则研究不同文本与职业交往和专业培训中术语的现代功能，以及在言语与计算机系统中术语的使用特点。”

在当前形成的一系列新的研究方向中，特别应该提出的是认知术语学或称认识论术语学，它研究术语在科学认识与思维中的作用。我们应该把篇章术语学理论也看作术语学的独立组成部分——这一理论处于术语学与篇章理论的交会点上。此外还有术语学史，它研究术语学对象、方法及结构、在科学系统中的地位、理论与原则的形成以及某些术语学派的形成与完善的历史。

1.2 术语学与术语词典学的核心术语

与术语学紧密相关的还有术语词典学，即关于编纂专业词词典的学问。不少专家把术语词典学看成是术语学的组成部分。术语学研究的许多问题都是在编写专业词词典的实践中产生的，对这些问题的解决方式会影响词典的编写方法。同时，任何领域的专业词研究总是与词典学分不开的，因为对术语的研究与整理成果往往是以词典的形式呈现出来。

通过对不同领域专业词的研究，我们还发现，除去术语以外，还有名称、职业用语、初术语、准术语等其他专业词汇单位，它们与术语有许多共同点，但也存有差异。

术语是用来指称一般概念的词和词组。名称（номен）是用来指称个别概念以及按同一模式生产出的具体序列产品的称谓。术语与名称的区别在于名称称谓个别概念，而术语所称谓的则是一般概念。

初术语（предтермин）是用来称谓刚刚形成的概念，虽不符合对术语的要求，但被充当术语用的专业词。初术语常常是：1）描写性的语词，即包括多个词的用于称名的词组，它们可以准确地描述概念本质，但并不合乎简捷的要求；2）编造的词组；3）含有形动词或副动词的词组。充当术语用的临时术语（初术语）是用来命名一下子还选不出合适术语的新概念的。与术语不同的是，它们具有临时性、形式不稳定性，不符合简捷性、普遍接受性，有时其语体也不是中立的。多数情况下，临时术语会被更加合乎术语要求的词汇单位所取代。如果它驻留很久，也可能会在专业词汇中立足，获得稳定的性质，继而成为“准术语”（квазитермин）。

职业用语（профессионализм）的情况比较复杂。这里分四种情况：1）有些学者把它们与术语等同起来；2）有些把它们归入匠艺词汇单位；3）也有人把它们归入非称名性的专业词汇，如动词、副词、形容词等；4）还有人把它们视为仅限于职业人员非正式场合的口头用语并常常带有感情色彩的非规范专业词。职业用语是行话的一种，但后者不能获得规范，说话人对它们在使用上的限制也是清楚的。

类术语（терминоид）是用来指称还不稳定（尚在形成中）、理解不一致、还没有明确界限，即定义的概念的词汇单位。因此，类术语没有诸如意义准确、不受上下文制约与稳定性等术语特征，尽管它们也被用来为概念称名。

原始术语，又称俗术语（прототермин），是指科学产生之前（最早可能在三四万年以前）出现并使用的词汇单位，因此它们不是对随着科学出现而产生的概念的称名，而只是对专业表象的称名。原始术语多保留在流传至今的匠艺和日常词汇中（因为许多专业已经进入日常生活）。随着科学学科的出现，专业表象已作为理论性的理解并进入科学概念系统，其中部分还在专业言语中站住了脚，并进入科学术语之中，部分则仍作为日常词汇存在于还没有形成科学理论原理的领域或者作为所谓“民间术语”与科学术语并用，但却与概念系统无关。因此，许多老术语系统的基础术语都曾是原始术语并保留一系列自身的特点，如为了表达理据性，使用一些偶然的、表面性的特征，也可能已经没有理据性了。

1.3 术语的整理工作

整理工作的对象是某一知识领域自然形成的术语总汇或者部分片断。术语总汇首先要经过系统化，然后加以分析，发现其不足并提出纠正办法，最后是规范化工作。这项工作的结果是得出一个术语系统，即经过整理的、且术语所反映的概念之间的相互关系已确定的术语集。整理是术语实践活动中的重要工作。这项工作由以下几个阶段构成：

——选定术语后，要将概念系统化，即按概念之间的关系绘制出一个示意图，以便使每个概念的本质特征都变得更加醒目。在此基础上再进一步使现有定义更准确，或创建新的定义。

——对术语进行分析以找出其不足。首先要做的是语义分析，借此去发现各种术语义与所指称的概念内容不相符的情况，以及有概念而没有术语的情况；其次是做词源分析，以期发现该术语系统最有效的构成模式及不恰当的模式，并确定其改进办法；再次是功能分析，即发现该学科术语的使用特点。上述分析都离不开对术语作历史分析，即从历史发展的角度去揭示该学科术语的发展趋势与倾向，并在整理工作中充分考虑这些倾向。

——对术语进行规范化处理，即按该语言的规范化原则从专业人员的言语实践中挑选出最简捷、最准确的表述方式以供选用。应该指出的是，术语必须以该语言的规范为依据，但同时也可能有某些自己的特别方式，包括构词方式，直至个别方言、行话的采用等。规范化工作实际上包括两个方面，一是求划一，一是求最佳。前者是指要确保概念系统与术语系统之间要准确地一一对应，即该概念系统中的一个概念对应该术语系统中的一个术语；反之亦然。这样，一个正确建立的术语系统应该醒目地反映出科学概念的系统及其相互之间的联系。而求最佳是指寻找一个形式简捷，同时又能直接或间接反映出所指称的概念之间基本分类特征的术语。

——术语系统的“编辑成典”。这是术语整理的最后一个阶段的工作，即把已经得到的术语系统编辑成规范的辞书形式。鉴于不同术语系统的不同使用特点，这里要区别两种情况。对必须严格遵守不容任何偏离的术语系统，如与生产活动有关的术语，要作为标准来公布；而对规范过死可能会束缚创新思想的术语，如科学术语，则以推荐形式发布为好。如果涉及不同语种之间术语的对应问题，那么，接下来还有一项不同语言术语间的协调工作，即将两种或两种以上语言的术语总汇加以对比。协调工作的基本手段就是相互修正本族语言术语的内容与形式，以使其准确对应。这中间经常伴有相互借用术语以丰富本民族的术语。协调的结果会得到一部规范的术语翻译词典。

读罢《俄百》的“术语学”条目，我们自然会感觉到，该条目的整体结构就如同一杯清新纯正的俄罗斯克瓦斯饮料，品味起来令人舒爽、解渴。从内容上讲，条目丰富、饱满。词条向读者全面地展示了“术语学”学科的定义、名称的来历、学科的发轫、主要学术流派和研究方向，同时还指出了当今的前沿方向——认知术语学。对与术语学关系极为密切的学科——术语词典学也作了恰如其分的介绍和说明。术语之所以成为术语，除了通常具有定义这个重要条件外，也可以通过与其他一些专业词汇单位的对照而凸现出来。这些专业词汇单位包括名称、职业用语、初术语、准术语、类术语、原始术语等。条目对这些概念以及概念表达也进行了深入浅出的诠释。在条目的最后，作者也没有忘记术语研究与实践活动的一个重要组成部分——术语的整理工作。这个方面最能体现术语学学科的应用性质；从条目内容的逻辑组织上说，层次分明、清晰；从语言和篇章的层面上看，语言平实、言简意赅、行文流畅、表达精当。

可以有足够理由认为，《俄百》“术语学”条目的构思和布局鲜明地体现出百科全书这种工具书编纂的特点，也反映了编者较强的理论意识和游刃有余的词典编纂能力。编者参阅了大量的相关著述，把诸多理论观点和不同学术视角有机地融入词条当中。从某种意义上说，词条所反映出的很多方面，在该类型词典编纂的理论研究与实际工作中都是可资借鉴的。

第2章

术语实践活动主攻方向

术语学作为一门学科正式形成是在20世纪中叶，是一门相对年轻的学科，它脱胎于语言学，通常被看作是应用语言学的一个重要分支。其研究对象是术语和术语系统，处于语言学、逻辑学、信息学、心理学和其他诸多学科的交会之处。目前，该学科已经发展成一门独立的综合性应用学科。（郑述谱，2004：4）术语学研究可以分为术语学的理论研究和术语的实践活动。由于任何一种语言中的术语大体上都是词或词组，它们实际上都服从于词和词组的造构及使用的规律。术语学研究的对象和方法在很大程度上与语言学的对象和方法相一致。术语学研究的层面也如同语言学一样，可以涵盖两个层面：理论层面和实践层面。

俄罗斯学派是世界上重要的术语学派之一，术语学者云集，著述颇丰。俄罗斯的术语学者，如列依奇克（Лейчик В. М.）、格里尼奥夫（Гринёв С. В.）等对术语学研究方向进行了比较细致的划分：首先划分出理论术语学，主要研究专业词汇发展和使用的规律，在理论术语学的基础上，划分出应用术语学，它的任务是研究解决各种实际问题的原则和方法，具体点说，就是制定实践原则，在排除术语和术语系统缺点、术语和术语系统的描写、评价、编辑、整理、创建、翻译和使用等方面提出建议。（Лейчик，1989：47；Гринёв，1993：15）可见，应用术语学主要研究的是与术语实践活动密切相关的一些问题。在谈应用术语学时，首先应该廓清术语学的这个层面的“名分”。既然语言学中有应用语言学这个层面，术语学划分出应用术语学理论以及术语实际工作的诸多方向就是很自然的事情了。俄罗斯学派的主要观点之一就是认为术语学是一门应用学科。（冯志伟，1997：5）与此同时，术语实际工作的理论前提是多种多样的。选择哪些方向作为术语实际工作的主攻方向往往因不同的术语学派而表现出一定的个性差异。在实际活动中所采用的原则、方法、规模和活动的水平、所取得的成果以及如何把这些成果付诸实践，如应用于国民经济各个领域中，也同样取决于不同的术语学派。俄罗斯术语学派在术语实践活动中的主攻方向有：术语词典编纂活动；术语和术语系统的统一，包括术语的整理、规范和协调以及术语编辑工作；在科技和其他专业语篇的框架内的术语翻译活动；创建术语数据库；各个层次术语机构和中心的学术活动的组织安排，包括从一个部门到国际级别的各项活动。（Лейчик，2006）

诚然，术语实际工作有多少个方向并不是一个常数，是不能悉数列出的。因为术语活动成果的应用范围每天都在为术语学提出新的任务，自然就会诱发出术语活动的新方向。比如，当前对大量专业信息进行自动存储和处理的必要性以及现实性，促成了术语数据库的建构。除此之外，在术语实践活动中，术语信息的用户起着很大的作用。比如，在这个方面可以透漏一个有意思的，但现在尚有些冷门的几个术语实际工作方向，如制订术语标准和推荐使用术语的人也在争论，他们能否做到原原本本地理解术语，这些争论都是自然而然出现的。还有，新设备和新工艺的研发人员，为新发现和新开发的专业项目和现象取名以及为相应概念界定的科技人士，他们的实践活动等。可以肯定的是，赋予名称（称名）也是术语实际工作一项最重要的方向，其中包括应用语义学、构词学、句构学理论创建新术语以及翻译术语（仿造和转译）。然而，这个角度看起来不是很能站得住脚。因为，首先，不仅在术语领域有称名现象，在一般语词领域也有称名现象，只是称名的对象不同罢了。赋予名称的规律对某一自然语言的各个领域来说原则上是统一的。看起来，称名不是术语实践活动的“专利”；第二，在赋予名称中术语学、语言学和逻辑学等各个角度互相交织，实际上，经常争论的焦点是概念，并不是术语。因此，这同样不是术语实践工作。第三，也许这是最主要的一点，往往在这些过程中自觉或不自觉地应用构造术语的规律性知识，因此，比较恰当的提法是，术语称名是一种理论活动，它在实践上有出路口，就在于构造术语，并把术语引入语言和术语系统中来。

术语的实践活动有两个互相联系的层面：优化层面和规范层面。一方面，术语实践工作的全部任务都是面向选择最佳的，也就是更加符合本身目的的术语和对其意义的界定，使它们能够满足忠实地反映专业领域的对象、过程和特征。另一方面，优选术语和定义应该用规范文件和规约（术语标准、推荐术语和规范词典、编写指南等）来固定下来。这些文件和规约要比非术语词汇领域使用的规范更有效力。这是术语学和语言学的又一个区别，因为术语学与规范的文件打交道，语言学中没有这类文件。它们具有法规的资质，术语在其中与生产标准并用。

以上就是应用术语学以及在此框架内的实践活动的一些总体特征。在未涉及具体的实践活动方向之前，需要强调的是，这些方向是彼此联系、相互转换、互相制约的。

2.1 科技词典编纂

第一个方向是科技词典编纂。

统一术语和术语系统是应用术语学的主要方向之一，是术语实际工作的两大功能——优化和规范功能并用的结果。现今，统一术语所得到的产品是一些规范及非规范的断代词典，如各个范畴的术语标准和推荐术语汇编。它们之间的区别在于强制程度不同，但从研究和达到纳入其中术语统一的方法上彼此相近。

20 世纪 90 年代初，全世界共有 2 万个术语标准和定义。其中主要是一些工业发达国家研制的国家标准。此外，还有国际标准（约 200 个）、地区标准、各个公司和国际组织制定的标准。对术语标准提出的大多数要求在各种类型的文件中是必须采用的，也有一些建议性的要求。整理术语是通过编制推荐术语集子的形式来实现的。在俄罗斯，这些集子主要由科学院下设的科技术语委员会来编辑制作。截至 1992 年，已经编制了 110 多个集子。

尽管对于统一术语并把它们用专门的文件固定下来是否合乎道理有人持反对的观点，但统一术语就如同把零件、机器和机械的标准件统一一样，对科技进步来说是必需的。对统一术语的规范文件在时间、空间和功能上加以限定能够排除科技活动受阻的危险。看起来，如果能够排除术语的同义现象，科技活动就可以正常进行。众所周知，在阐述这个创造活动结果时，被整理和设立标准的术语不会被采用，或者采用的数量有限。

统一术语的另一个正面功能，即系统化功能也不容争论。在术语标准和推荐使用的术语集子中，这一功能比在词典中，也包括在系统词典中表现得更为明显。研发术语标准和推荐术语集子，其结果是在术语体系中，每个位置通常都被一个词汇单位所占据，而且每个词汇单位都有一个定义与之相对应，这自然会导致属于某一知识领域或活动领域的所有符号手段系统化，导致对这些领域分化，并确定它们之间的联系。但是，这一最重要的情况在论证术语统一活动时是必须的，以便使该项活动具有坚实的各个学科（如标准化理论、语言学、逻辑学和科学学等）的理论基础。

2.2 术语的协调与统一

应该指出的是，近些年来，专家和学者们开始越来越广泛地采用统一术语和术语系统的第三个类别，即在国家或国际的层次上对术语或术语系统进行协调。术语专家和各个学科的代表并不刻意谋求各个语种和相邻知识领域的不同术语系统中的术语整齐划一，他们仅仅使各个术语和术语系统在不同程度上联系起来。

与此同时，他们考虑到术语所在的各个语种的差异，如构词方式、语音、词与词之间的联系等，对每一个术语系统都取决于某一理论、理念、观点体系也给予关注。比如，在物理学中至少存在两个术语系统：其一的基础是牛顿的经典力学理论，另一个以爱因斯坦的相对论为基础。因此，同样一个术语，如质量，在这些系统中的意义是不同的。

由此可以得出，在协调术语系统时应该考虑两组因素：语言学因素，也就是与术语所属的语言的特征有关的诸多因素，以及语言外因素，即与事物领域和描写事物领域的理论相关的一些因素。

国际上协调术语系统的语言外前提是，知识的集成，科学和技术的国际化，科学和技术理论和方法基础的统一，这些都是当今世界文明的典型特征。作为促进国际术语系统协调的语言学因素，可以列举如下几个：呈现在几种自然语言中，彼此内容和形式十分接近的专门用途语言的形成，在专门用途词汇单位功能的术语国际化的积极过程。

国际上协调术语系统有两个基本原则：如果在两个或两个以上的国家有同一个知识或活动领域，术语体系就是可能的和可行的；如果这些国家该领域的基础是相同或相近的理论并具有相同或相近的概念体系的话，术语体系也是可能的。在一定程度上实现这些原则并考虑在术语中通过语言把这些原则体现出来，协调术语可以达到以下三种不同的程度。

1. 在理论上部分相符和语言手段相异的情况下概念系统相一致（在这种情况下，协调只是作为概念系统和表示概念系统术语相互联系的形式，如俄罗斯和法国的可靠性理论）。

2. 在理论方面完全相符而语言手段存在差异的情况下概念系统的一致（在这种情况下协调有概念系统和表达概念的术语相近的语义结构的统一形式，如在俄罗斯、英国、法国和德国的航空术语中）。

3. 理论与语言手段完全相符的情况下概念系统的一致性（在这种情况下，协调术语是在概念系统与术语国际化联系的内容、范围、性质等一一对应的情况下体现出来的，如欧洲大多数语言的化学、遗传学、医学等学科中）。

国际术语协调的应用结果是，国际术语词典和术语标准，多语种信息查询知识库。其中，国际术语标准协调活动在国际标准化组织的工作中占有重要的地位，是国际标准化组织 ISO“概念和术语的国际协调”的设计对象。

2.3　科技术语的翻译

科技术语和其他专业术语的翻译是术语实践活动的又一个方向。可以说，在翻译专业篇章时能够正确地、忠实地翻译其中的术语是最重要的。在很多翻译工作者国际会议和讨论会上，选取术语翻译的方法都占主要地位，这一点恐怕不是偶然的。目前，已经研究出了应用这些方法的指南和建议，可以简述如下：

1. 在译语中揭示出原语术语的对应词是最佳的翻译方法。这种方法只有在一些译语和原语都普及的国家，并且社会发展达到同一水平，或者在某个历史时期已经经历了这个水平的国家，才可能应用。比如，德语中的社会经济术语 Bauer 翻译成术语“农民”，而俄语的术语“рабочий”翻译成英语术语是 worker。法语物理学术语 vapeur 翻译成俄语为 пар（蒸汽，汽），而俄语术语 управление 翻译成德语却是 leitung。这些术语的特点是，通常各种语言中的术语对应词在两种语言中已经存在，在翻译的时候把他们揭示出来，就好像把它们激活，而不是像处理新术语或新词那样现去创造。

2. 译语中的新术语可能是在受原语中术语的影响，通过赋予译语中已有的词或词语新的意义而创造出来的。俄语词 дерево（树木，植物学术语）获得新的意义而成为分类理论、管理学和信息论术语，也包括一些词组型术语，如 дерево целей（目的树图）、поисковое дерево（查询树图）等是受英语相应的词 tree 的影响。俄语词 род（性，如阳性、中性等）是受拉丁术语 genus 的影响而获得语言学术语的意义。俄语政治学术语 разрядка 也可以作为一个十分明显的例子。该词最先用于物理学术语，它在政治学中的新意义应该归功于法语中的一个动词 detendre 的名词 detende，“软化”“释放”的意思。

3. 如果被翻译的词汇单位结构在两种语言中相符，我们所处理的就是语义仿造。按照上面所举的英语术语 tree 创造出一个术语 tree structure（树图结构），用俄语术语表达是 деревовидная структура（树形结构图），而不是 древесная структура 或 структура дерева。在运用语义仿造的情况下，在原语中构造术语的结构与原语中的标准相符；而在译语中创造的术语的结构同译语规范相符。两种语言中的术语只有语义是一致的，也正因为如此，这种翻译方法才叫作语义仿造。在技术学中，按成素逐一翻译结构复杂的术语也比较通行，如英语中的 swithing diagram – коммутационная схема，motor selector – моторный искатель。

4. 如果词汇单位的结构是在翻译时同这个单位一同借用的，我们处理的就是结构仿造或纯仿造。希腊语术语 philosophia 还是在中世纪时就用俄语中的术语 любомудрие（爱智慧）来表达。由希腊－拉丁语成素构成的术语 televisio 译成德语术语是 das Fernsenhen，这是按成素对一个复杂的词汇单位进行的翻译，在翻译时原语中的每一个单位都有译语中的单位与之对应，同时在译语中出现新的陌生的模式。比如，在俄语中，与复合名词模式并用的“动词词干＋静词词干”，按照这个模式构成一个词 любомудрие，更为普及的是“静词词干＋动词词干”，любомудрие 这个词就由此而来。有些借用的模式（结构要素）通过仿造在译语中固定下来，另一些仍然是陌生的，只存在于一些孤立的结构仿译中。仿译的优势和不足也都体现在这里。

5. 当在翻译过程中术语的语义、结构和形式都借用，我们遇到的就是借用。同时，应该区分借用，它取决于两种语言的直接接触，还有国际词，首先是由希腊－拉丁语成素构造的，并受以经典教育为基础的欧洲文化传统特征的制约。

至于纯借用，在翻译时对这种方法的态度褒贬不一。比如，从美国英语移入俄语的 джинсы 一词，从俄语借到法语中的 самовар 一词以及其他词语。翻译时借用这种所谓的无对应词词汇从逻辑上和方法上都说得通。同样，这也针对精神生活方面：俄语术语 патриот（爱国者）来自法语 patriote，英语的 soviet 借自俄语的 совет。然而，在一些情况下，当使用译语和原语的一些国家的科技水平相同时，翻译和编辑人员应该尽量或者在译语中找到原语术语的对应词，或者用译语中的成素构造新的术语。比如，如果可以用“生产秘密”这个术语把它翻译过来，借用英语术语 know－how 未必是必须的。

在很多情况下，术语应该用描写结构来翻译，这种方法首先用来翻译反映某一国家现实的无对应词的术语。比如，苏维埃时期俄语中的一

个术语 ударник（突击手）把它译成英语有几种方案，最准确的要属《韦伯斯特学生词典》中所给出的描写式的结构：a worker who had excelled in voluntary increase of production（在生产中自愿达到高指标的工人）。

2.4 术语编辑工作

术语编辑是一项同文学以及技术编辑一样的科学的文本编辑。在研究术语编辑时，应该分析其目的、任务、原则和方法。

如同其他编辑一样，术语编辑的目的是从文本中达到结果，在这种结果下可以在认知、教育、教学等方面达到最大的效果。在术语编辑的过程中，这项目的通过对专门的材料——术语进行加工而达到。前面已经说到，这些术语既取决于某种语言，也取决于它们在某个术语系统中的地位。因此，术语编辑的任务是，达到正确地使用术语和替代它们的词语，从它们在具体文本中的作用，术语在该术语系统内部、在该学科和技术领域其他术语间的地位等多方面加以考虑。

术语编辑的原则在很大程度上取决于所编辑文本的文体和样式。比如，在纯学术文本——论文、专著中，有很多专业术语，但并不提供解释：认为读者十分清楚这些术语。而在科普文章和报章随笔中术语可能用描写结构来替代，因为读者可能是第一次接触学术问题或政治及经济事件。

至于术语编辑的方法问题，经常使用的有两种。第一种是编制者把文本中的术语或者根据有规范化文件（术语标准，推荐使用的术语集）确定的，或是在该科技领域普及的术语和定义列出来。第二种方法是，如果所编辑文本的作者坚持他所引入的术语，那么他应该在该文本中为术语提供解释、释义、定义。

2.5　建立术语数据库

建立术语数据库是术语实践工作的最新的方向之一。这个方向是从编制术语卡片的工作发展起来的，与科学、技术、经济和其他术语的急剧增长，手工操作已经无法对如此大量的术语信息进行处理有很大的关系。计算机化是目前处理大量各种专业信息的一种最重要的方法，它可以减少工作量，提高信息处理的质量，缩减处理和派送信息的期限。为专家和学者提供准确的、有规范化文件确定的术语在这个领域也占重要的地位。正是由于需要收集、存储和派发这类信息，才促成在世界范围内创建大量的术语数据库——自动化的术语库。同时，为术语数据库中的每一个术语都提供补充信息：包括指出术语的意义，给出定义，同义词，可行的和不可行的，说明术语是由哪一个文件（比如，是国家标准还是国际标准）确定的，等等。

根据创建术语数据库的目的，可以把它们分成两组：面向保障科技图书和文献翻译活动与面向提供标准化术语和推荐术语信息的术语数据库。

目前有几十个大的术语数据库。在俄罗斯的标准化组织（全俄科技术语委员会研究所）有一个标准化术语库和其他术语数据库。德国西门子公司的术语数据库是世界上最大的术语数据库之一，包括八种语言（也有俄语）的2500000条术语。法国标准化组织也创建了几个术语数据库，加拿大有两个术语数据库。在德国，术语数据库是在标准化研究所和其他一些管理机构内运行。在卢森堡的欧盟术语局也创建了一个全世界最大的术语数据库，该库以自动化术语词典的形式体现，包括几种语言，其名称是 EURODICAUT（Евродикаут）。

术语数据库前景无限，正在从自动化的术语库转变成进行深入科学研究的一种手段，其实践意义就更不用说了。

2.6 术语工作的组织

组织方法活动也应该纳入应用术语学里面来。组织方法活动包括：率领创建术语标准、编纂术语词典、建构术语数据库、就术语问题举办学术会议和研讨会以及其他一些会晤，对各类专业人员，翻译、标准化工作者、应用语言学领域的科研工作者进行术语学原理的培训。

以上这些和其他一些术语工作的组织形式都由国家或国际机构来执行，其中一些机构专门从事术语活动，另一部分同时执行其他功能。

一些机构专门从事术语活动。莫斯科专门从事术语活动的机构有：标准化和质量综合信息科学研究所，负责术语标准化问题，同时出版俄罗斯国内唯一一份术语学杂志——科技术语学；俄罗斯科学院科技术语委员会，领导理学和工学领域术语的整理工作；俄语出版社和其他一些出版社，出版各类专业词典；“医学百科全书”科学生产联合体，创建医学术语库，出版医学术语词典和工具书。在莫斯科也有一些社会组织，其中包括常设的科技术语方法问题研讨班，医学术语研讨班和其他一些研讨班。圣彼得堡大学和鄂木斯克术语中心在创建术语数据库和编纂术语词典方面做了大量的工作。下诺夫戈罗得大学就“术语和词语”问题定期出版术语作品集。

独联体一些国家的术语工作者的成绩斐然。在乌克兰，有科学院下设科学术语委员会。切尔诺夫茨、乌日格罗德和第涅伯彼得罗夫斯克等城市的大学里有很多知名的术语专家。拉脱维亚科学院科学术语委员会始终从事拉丁语术语的整理工作，出版拉丁语、德语、英语和俄语术语集。

在国际组织中应该指出的是位于维也纳的国际术语信息中心、位于华沙的国际新术语统一组织，出版“新术语”杂志。国际标准化组织、国际电工委员会和其他一些机构的职能是研究国际术语标准。

综上所述，我们可以得出这样的结论：目前在全世界十分重视术语活动，不论是理论方面，还是在实践层面。这和学者与生产工作者意识到一个事实，即他们的科学、技术、商业和经济活动的成功在很大程度上取决于合理的、准确的、经过加工的术语有很大关系。

第3章

俄国语言学棱镜下的术语、概念和定义

3.1 三个概念间的联系

按照俄国著名语言学家列福尔玛茨基（Реформатский А. А.）的说法，作为科学知识使用的术语是逻各斯（logos），作为一般语言使用的则是列克西斯（lexis）。一般来说，从语言学的角度看术语的特征，术语是词或词组，它通常有以下几个特征：与概念相关，具有准确概念语义；术语具有单义性，或者至少趋向单义；在修辞上中性，不含表现力色彩；术语具有称名性；术语具有系统性。术语是为概念称名的。一个成熟（学科）的术语通常都有一个定义。然而，确切地说，定义的对象并不是术语，而是概念。在一个知识领域中，概念通常用定义来描述。

在俄罗斯，20世纪60~70年代间，把术语的词汇意义与术语所称名的概念对立起来成为语言学界争论的焦点。术语学者盖德（Герд А. С.）曾经在一篇文章中总结了当时的诸多不同观点，包括如下几个要点：一、术语具有词汇意义，但词义不会归结为所表达的概念；二、术语具有词汇意义，这个意义就是概念；三、术语意义就是概念，然而，术语并不具有词汇意义；四、术语表达深刻的科学概念，而作为一般的语词则仅仅表达素朴的、日常的概念。（Герд，1980：3～9）以上四点中，最根本的问题牵涉的不是术语与概念是否有联系，而是划分出的专门概念和非专门概念的对立。这的确是一个原则性的问题。

关于术语与概念的关系，列福尔玛茨基认为，术语首先与某一学科的概念体系相联系。在一个学科中，术语与概念的相关性是第一位的。列福尔玛茨基还提出，应该在术语场这个概念内去理解术语。此外，列福尔玛茨基在其著述中对术语和名称也进行了严格的区分。（转引自Климовицкий，1976：109～121）另一位著名术语学者苏佩兰斯卡娅（Суперанская А. В.）论文中的一句话可以看作对术语、概念和定义三者关系的一个概括：为了使术语能够准确地与所定义的概念相符，在创立术语的同时引入定义，这个定义既同所定义的概念有关系，又与术语有关系。术语定义提供的是被界定事物的一般的表象（представление），可以排除术语在使用时出现的歧义。（Суперанская，1976：75）

3.2　术语与一般词语（非术语）的关系

3.2.1　术语与一般语词

术语之“名分”的问题在20世纪70年代以前曾经是苏联术语学家们讨论的热点，该问题成为多次会议的专门议题就足以证明这一点。如1961年召开的全苏术语学会议的名称是“术语问题”；1970年两次学术会议论文集的名称分别是“术语在现代科学中的地位”和“科技术语的语言学问题”；1971年学术研讨会出版的2卷本论文集的名称是

“科学、术语学和信息学的符号学问题”。多数学者认为，在研究术语地位时，首先应该注意它与语言的基本单位——词语之间的关系。术语与一般词语关系的问题长期以来一直是术语学中的重要问题之一，引起研究者的极大关注。原因在于，如果不确定什么是术语，术语工作的任务就无从谈起。而要界定什么是术语，必须厘定术语和词语之间的关系。格里尼奥夫（Гринёв С. В.）认为：术语首先属于词汇单位的大集合，而它的专业词汇的属性则是第二性的，也是它的特色之处。这种特色首先由它与一般通用词语的关系，尤其是它们的对立来决定的。（Гринёв，1993：26）同时，术语与非术语的关系是比较复杂的。从符号学的角度来看，在一般词汇的语言符号方面，是从能指到所指视角运动的；而在术语符号方面，则是从所指（概念内容）到能指（外部形式）的。

3.2.2 一般语词和概念

在分析词和概念的相互关系时，应该考虑它们之间具有的双重关系。俄罗斯语言学者格列奇科（Гречко В. А.）认为，概念本身是思维、逻辑单位，而词是一种符号，是思想的物质实体。作为符号的词与概念之间的关系可以言简意赅地界定为：一个概念可以用一个词来表达，也可以使用各种形式的词组来表达。概念可以用缩略形式以及相应的称名组合表示，还可以用替代概念词语表达的任何符号表示。（Гречко，2003：138）该句话对一般语词和概念间的关系作了概要说明。

3.2.3 术语与名称

俄罗斯术语学派最早讨论名称和术语关系的当属维诺库尔（Винокур Г. О.）。他有一个论断，在术语学界广为流传：术语不是特殊的词，而是执行特殊功能的词。接下来他进一步解释说，“用作术语的词的特殊功能就是称名功能”。列福尔玛茨基认为，维诺库尔的提法大体上是对的。同时，列福尔玛茨基也提出了不同意见。在他看来，第一，名称（系统）比术语（总汇）更具有称名性。但他对维诺库尔的以下说法却给予充分的肯定：“至于说到名称，它与术语不同的是，应该把它理解为完全抽象与约定的符号系统，其唯一的任务就在于提供从实用角度看尽可能方便的指称事物的手段，而与提及这些事物时理论思维要求没有直接关系。”用列福尔玛茨基的话说，术语总汇首先与某一学科的概念系统相联系，而名称只是给这一学科的对象上逐一贴上标签。尽管术语和名称都与概念有联系，但与概念的关系不同，是区别术语与名称的关键因素。正因为如此，术语更属于“逻各斯”层次，而名称则属于“列克西斯”层次。（Капанадзе，1965：75～85）苏佩兰斯卡娅也持同样的观点：词在概念体系中，在概念场中就是“逻各斯”，是术语，词是表示所研究和所观察物体的，就是“列克西斯”，就是名称。（Суперанская，1976：78）如果说，术语与名称都具有称名功能，那么，实际上，术语所指称的是更为一般的概念，而名称则是对具体事物的命名。这些事物往往是看得见、摸得着，或是可以感知的。换言之，对它们的称名，并不是一种思想行为，而只是一种感知行为。在学科的分类层次中，它们往往位于比较低的种或属。就这一点来说，名称甚至接近于专有名词。由于术语和名称与概念的关系不同，对名称一般无须下定义，只要指出与其相关的术语就可以弄清它的所指了，因为名称具有更强的“指物性”。因此，有人说，由于术语的存在，名称单位在语言中才能行使它的功能。术语指称的是有内在联系的概念，而名称即便指称概念，也不把它们互相联系在一起。由于名称之间没有像术语之间那样紧密的层次关系，因此，名称也不像术语那样对所在的“场”或称“系统”有较强的依赖性。脱离上下文，一般也不影响对名称的理解。这一特点使名称比较容易进入日常言语。这实际表明，名称与术语相比较，其专业性与理论性要低。（郑述谱，2005）按照施别特（Шпет Г.）的定义，名称（Nomen）是经验的、可以用感觉去领会的东西，它也是一种符号，与所称名的事物不是在思维活动中，而是在领会和表象活动中产生联系。（Шпет，1923：32）

3.3 概念与表象

3.3.1 概念与表象

俄国著名学者波捷布尼亚（Потебня А. А.）是较早对概念和表象与意义的关系进行比较深入研究的学者之一。他在《美学和诗学》（1976），特别是在《俄语语法手记》（1958）著述中对概念和表象的关系进行了十分细致深入的阐释，很多观点在今天看来仍然很有见地。这也可以从一个侧面说明后一部著作至今在俄罗斯国内外语言与思维研究者中引用率极高的原因。波铁布尼亚把词的语义结构分为最近义和最远义。它们也许并不是十分科学的概念，也没能够成为通行的术语。但无论在语言学界，还是在其他一些相关领域都已经被广为接受。按照波铁布尼亚的解释，“最近义”是全民的，是语义核心或基本语义，对说某种语言的人交际和相互理解是必要的；而“最远义”是非全民的、主观的、个人的。波铁布尼亚认为，两者之间的辩证关系在于，由个人的理解出现高级的客观、科学的思维。（Потебня，1958：20）这种解释是能够站住脚的。了解最近义和最远义有助于我们进一步认识概念和表象之间的关系。概念是思维的基本形式之一，它反映客观事物一般的、本质特征。人类在认识过程中，把所感觉的事物的共同特点抽出来，加以概括，就成为概念。比如，从白雪、白马、白纸等事物中抽出它们的共同特点，就得出“白”的概念。(《现代汉语词典》，2003：404) 表象是经过感知的客观事物在脑中再现的形象。(《现代汉语词典》，2003：85) 形象是一种通过语言恒常体现的重要的思维方式。在人的思维中，反映现实的各种形式——感知及抽象形式是浑然一体、相互作用的，这一点定会以直接的形象通过语言体现出来。几种抽象思维形式——概念、判断、推理，如果脱离反映的感知形式，如果离开对现实的接受，首先是现实中所反映或表达的事物的感觉形象是不可想象的。借助表象在说话人的意识中创造事物的形象，即对某一事物的个别特征进行一定的概括。波铁布尼进一步指出：“词既可以表达感知形象，也同样可以表达概念。”(Гречко，2003：131) 表象是不揭示事物内在联系的形象，尽管前面已经给出了该术语的定义，但如果提供出它在日常会话中的解释，即“表面的形象”似乎更容易理解，然而，这并不能反映出这个概念的实质。因为，即便在一般的表象中，反映的多半是事物和现象外在的联系和关系。本质的东西尚未抽象出来，即还没有从非实质的东西中剥离出来。但是，“科学不能没有概念，而概念以表象为前提……科学（大厦）的主要建材是概念，概念由客观化的形象特征构成”。(Потебня，1976：193)

3.3.2 概念与意义

概念和意义通常被看作是语言单位的所指，是一些基本特征的集合。正是在这两个所指中基本特征的相合才可能通过一个语言单位对另一个语言单位进行解释或定义。不论是概念，还是意义的统一，取决的不是词典家所给的定义的统一，而是由概念和意义本身的客观性决定的。由于概念和意义的客观性，它们真正的定义和实际的释义也不可能是随意而为的。因此，定义和释义不可能确切概念和意义，建构和形成概念与意义，确定它们的内容。概念和意义首先通过思维和言语实践来界定和解释，不取决于词典家的愿望。词典家的任务不是建构概念和释义，而是在人的思维和言语实践中发现它们。（彭漪涟，1990：26～28）彭漪涟等认为，定义的真伪首先应该由人的思维实践来确定，释义是否正确应该由言语实践来检验。在详解词典中语言工作者要界定的不是所有的概念，而只是所谓的素朴概念，前科学的一般概念，也就是“常理”概念，这些概念合起来构成素朴的世界图景。如果词典家不想离开自己所从事的学科而变成百科家，那么，他的任务在于用词汇意义揭示这个素朴的世界图景并在释义体系中把它反映出来。（Правдин，1983：10～11）这段论述既揭示了概念和意义的联系，同时也阐述了定义与释义可以在多大程度上对概念和意义的范围加以界定。

3.4 定义与释义等的关系

在揭示语言单位意义时使用多种方法，其中释义（толкование）和定义（дефиниция）是经常使用的两个术语，表示的是揭示语言单位语义的操作和结果。按照乌克兰词典学家杜比沁斯基（Дубичинский В. В.）的说法，释义是从素朴的世界图景的角度来揭示语言单位的意义，通常对语文词典来说是比较典型的；定义是对概念进行的逻辑界定，确定概念的内容和特征。一般来说，定义属逻辑概念范畴，对百科词典、术语词典来说是比较典型的，面向的是严整的科学世界图景。（Дубичинский，1998：35）从功能方面看，释义不仅解释某一个语言单位的意义，也是确定语言单位在语言语义体系中的位置的基础。从内容的角度看，释义的对象是固着在语言单位中的素朴概念。在素朴概念中，除了语言外情景以外，还可能反映接受和交际情景的其他一些层面。（Дубичинский，1998：61）这段话比较准确地反映了定义与释义之间的关系。

术语定义和对词语在一般会话中对词语的解释之间的差异是比较明显的。这种差异反映着概念和表象的差异。正是把概念和概念的语词定义、意义及其语词解释等同起来致使我们必须把概念划分成科学概念和素朴概念，素朴概念就是词汇意义。不论定义还是解释，就其本身而言都既可能是科学的，也可能是非常素朴的，即便是哪一个定义必须与被定义的概念在内容上相符。专门概念与非专门概念的对立往往表现为科学概念与素朴概念的对立。（Апресян，1974：56～60）也有人区分出结构逻辑概念和推理逻辑概念。（Никитин，1988：49～58）按照这种划分，区分出纯定义和解释（释义）。据此，术语学者萨姆布罗娃（Самбурова Г. Г.）指出，科学概念通常提供定义，而素朴概念则仅仅给出解释。有时也在概念和表象之间作如此的划分。与此相应，对概念要进行定义，而表象可以用其他方法，如描写、比较、分析等进行解释。（Самбурова，2000：104～114）

把词义区分为一般（日常）意义和据此产生的专门术语意义有较深的学术渊源。波捷布尼亚提出的词的最近义和最远义的对立可以作为这个观点的支撑。（Потебня，1958：19）

可以说，术语、概念和定义是从科学世界图景的角度看待语言及语言各个层面的，而普通语词、表象和释义（一般会话中对词语的解释）则是从素朴世界图景的视角去看待语言及语言的各个层面的。术语活动的目的是为促进科学世界图景的发展，使语言适应科学思维的需要，研究术语的目的往往只是科学本身，而不是科学语言，这真正把术语学与语言学区别开来。因为语言学研究人类的语言，而不是世界观。但术语也可以从语言学的角度来研究，把它作为专门的语言符号从其形式方面来研究。最后，我们尝试作如下表述：从科学世界图景的角度来看，术语—概念—定义这三者可以位于同一个层次上，而一般语词、名称—表象—解释则是从素朴世界图景的角度看待语言及语言的各个层面。这些概念相互交织、相互作用，使人类认识世界更加缜密，思维活动更加积极。

俄罗斯术语学者盖德（Герд А. С.）认为，科学概念相对应于不同的层次和学科以及抽象发展阶段可能有各种表达和语义呈现形式。同时，正是在概念内容中反映着比较主要的、实质性的概念特征。术语定义的各种类型反映着科学抽象的较高层次。（Герд，2005：54）术语定义是压缩科学知识内容的一种方法，是呈现术语语义的一种形式。术语定义就其实质而言是比较快捷、方便进入概念内容的门户。定义是一种可能的、但不是唯一的呈现术语语义的方法。

第4章

洛特的术语学思想

洛特是俄国术语学以及术语词典学的重要创始人之一。他的名字首先让人联想到他1961年出版的《科技术语构建原理》一书，其中包括洛特关于技术术语构成和整理问题的主要著述。然而，洛特这位学者的学术兴趣十分广泛，在研究术语标准化问题、术语创造、建立概念术语体系等问题的同时，还十分关注科技术语的翻译问题和在双语术语词典如何采用典型的翻译方法问题。因此，洛特的术语学思想可以作为科技术语词典编纂的理论基础。

4.1　洛特的术语学思想

1931年，洛特发表了第一篇论文。在这篇论文中，洛特告诉我们，术语的研究和调整正在逐渐获得一个独立学科的端倪。他开始尝试把术语工作者面临的一些问题系统化，即尝试构拟新学科的概念结构。

哪些术语范畴对洛特来说是最为重要的呢？在研究这个问题的时候应该注意的一点是，对洛特来说，起算点是《必须正确建构术语》（1931）一文。在此，洛特认为有必要关注技术术语最初就有的特征，但按照洛特的观点，这些特征是从反面说明术语的，如术语的多义性、有同义术语、同音术语以及半术语，即当一些功能相差很大的机械用同一个术语命名。如 тормозной рычаг 可以用来称名各种类型的制动柄。洛特还把整体部分术语、工作（权宜）术语和描写型术语归到不希望出现的那类术语中。洛特对所谓的专利术语也持否定的态度，他把这类术语称为人为混淆的术语。

尽管洛特对现有术语的评价都十分具体，但是，洛特十分明确地要求研究术语的发展趋势。在洛特整个术语活动中，他的身上体现着两种互不相容的视角和方法：规定和描写。这种共生现象在当今的术语研究中依然存在，因为这种特征对于术语工作者来说，是其概念机制浑然天成的一个组成部分。在这篇文章中，洛特表述了对术语的一些经典要求：不应该有同音词、同义词，要简单明了、一个学科内的单义性和能形成一定的联想。

在 1932 年的一篇文章中，洛特仍一如既往地描写术语的一些缺点，用了这样一些评价性语词，如“杂陈”的术语、功能不清晰术语、没被区分开的术语、歪曲术语。从这篇文章开始，洛特开始积极使用“术语承载物”这一概念，用来表示可以使用某个术语称名的事物和概念，出现了“生产术语”这个概念。除此之外，洛特还引入了很多术语来说明术语是语言的一个分系统。

令人感到好奇的是，看起来，洛特甚至没有意识到，他在批评现存技术术语的时候，正在建构一个新的学科的概念体系，凭借其他学科的一些错误在培植着这个概念体系，重复着他所批评的认识过程。

1937 年他发表的文章是与恰普雷金（Сергей Алексеевич Чаплыгин）合著的。从文章所探讨的整理术语的一些层面看，好像与以前的文章有重复的地方。但在研究术语问题方面与前面的一些文章却有很大的不同，区分得更细致了，对自己的论战对手表现出了明显的不耐烦。

这种细致区分表现在，如对多义和单义术语的区分更清晰了。有一些术语，其中的每一个都有一个或几个确定的意义。这是一个不足。如шкворень，штанга，лопасть，шейка 等术语，在某些技术学科被非常随意地赋予内容，尽管在一般的技术学科中这些术语具有比较固定的、确定的意义。

作者认为，在术语活动中为术语下定义，其目的是确定术语的内容及意义。定义应该准确地厘定术语所服务的概念的界限，包括一些充分必要特征，首先，这些特征可以把该概念放置在其他概念中间的某一位置；其次，创造出概念的独特性。正是通过定义，术语在所研究的术语系统内才有完全确定的地位。

然而，恰普雷金与洛特注意的主要是涉及术语的一些行政问题。从历史的角度看，文章的这几部分十分有意义，尽管在另一方面，按照作者的意图，术语理论好像是被加入到实际工作计划中了。

4.2　洛特编写术语词典

洛特编纂的《德俄汽车词典》为术语的研究写进了特殊的一页。也许是命运的安排，词典的作者洛特是工程师出身，他逐渐成为一位知名学者，成为俄国术语学派的掌门人，写了大量术语标准化方面的著述。而他那部具有创新意义的术语词典也被写进了史册。

整个阶段，也许是最具有创新意义的、最富有诗意的阶段，很多年不被学界所知。目前还很难确定为什么洛特没有继续研究术语词典问题，既然他在词典的前言中已经提出了一些理论问题。还有，为什么这些想法没有得到其他学者的响应。然而，是谁在研究术语词典理论问题处于优势地位这个问题，应该恢复历史的公正性。

目前，在回顾术语词典编纂问题时有两个视角：按照其一，在科技词典编纂领域的理论探索只是当今术语词典工作者努力的结晶。另一个视角以假设为基础。假设在30年代，唯一关心术语词典编纂理论问题的是Реформатский的话，尽管他的有关术语词典编纂的文章当时没有发表，但很显然，在俄国开辟术语词典编纂先河的是洛特。

在1932年洛特就为自己定下了一个目标：如果对外来术语在本族语中找不到与其对应的可用的术语，词典编者应该怎么办？要么用一个没有细致区分的术语取代它，要么就不用。创建新的术语？没有人能够理解，而且这也是一个错误的途径。使用描写的手法？在大多数情况下，由于词典中不收草图以及要考虑到词条的紧凑性，结果也是不尽如人意的。（Лотте，1932：145）

可见，在术语词典编纂活动之初，洛特十分关心两个主要问题：第一，在母语中没有必要的术语对应词时，词典编者该怎么办；第二，新术语应该是什么样的。其实，洛特所提出的这些问题，从整体上说，形成了后来成为翻译学的中心思想，即对应性思想。洛特接下来的词典编纂活动进一步拓宽了研究问题的范围，并且在很大程度上对多数涉及词典对科学技术术语的处理问题进行了厘定，使洛特能够在术语词典学领域进行大幅度的理论概括。

洛特选择了自己独特的词典收词方法。目前，编纂某一学科词典在开始创建词表时，要解决一个问题，即在专业语篇中所发现的词语中，哪些词是属于该学科的术语，也就是说，该术语体系由哪些术语组成，应该以何种关系在学科词典中呈现这些术语。洛特用另一种方式提出这个问题：在编纂词典时，作者作为基础的不是德语中独特的汽车术语，而是所有在汽车行业有很大意义并在相关的教科书和学术著作中被研究的概念。在确定这些概念的准确的界限后，作者才寻找并吸取相应的德语术语，如果没有德语术语的话，就用经常使用的表达法。从这里能够明显看出洛特的称名学观点。

洛特对其所划分出的词典编纂的内容单位毫不怀疑。对洛特来说，这个单位就是概念。按照洛特言语矫正学的观点，他认为，每一个科学技术概念应该由一个术语来表达，或至少要由一个术语表达。（Лотте，1937：869）然而，洛特的这些观点与他作为词典编者的实践显然是矛盾的。需要一个这样的形式单位，既能体现洛特的称名学的思想，又能完全符合词典的集成性的原则。洛特提出了把术语成素作为这个单位。

按照洛特的论断，对他所提出的术语成素的实质在何种程度上进行评论，以及根据另一点，洛特如何运用这个（概念）术语，洛特对该概念的结构没有作出一个明确的结论。我们比较一下洛特给术语成素下的几个定义。

1. 大多数术语是由其他有一个或几个独立意义的术语或词语组成。这些词语（有时也是术语）借助所谓的词和虚词的形式属性构成某种组合而形成一些简单或复合术语。这些词语便可以成为术语成素。分析应用于汽车行业的这些术语，能够展示出，哪些词语及用于哪一个意义被用来构成术语，即作为术语成素。

2. 每一个复合术语都由几个有独立意义的作为术语成素的词组成。

3. 比如，术语成素 удельный 与其他术语成素联系能够给一个术语各种专门的意义。

4. 任何一个潜在的借用都应该切分成一些有独立意义的术语成素，并把它看成是根词干或词缀。

洛特凭借自己的感觉希望在术语成素中找到一个中间量，试图把称名学观点和言语形式矫正的目标整合起来。在术语成素定义中显现出来的矛盾，在词典正文中也能够发现。

词典表明，洛特所提出的问题是从确定词典所收入的单位开始的。洛特采用的术语成素这个概念显然是有不足的。实际上，洛特所寻找的单位，日后在翻译学中用来作为翻译的单位。社会语言实践证明，翻译过程（即用外语分析原语语篇）毕竟是从词语起步的。按词语分析所翻译的文本能够让我们随后在整个篇章范围内把应该翻译的通常称为翻译单位的最小意思综合起来。词典就包括外语语篇的形式单位，作为加入所翻译文本的通用手段，用来确定翻译的意义单位和后面的译语的形式表达。

由于洛特在分析术语体系的时候是从称名的原则出发的，他的词典就是对反映翻译单位，而不是所翻译文本的形式单位所作的尝试，也就是在某种程度上有些接近类义词典或词汇知识库。

这种做法与洛特的一个观点是相一致的。洛特认为：认识这类术语成素能够帮助阅读外语文献的人在必要的情况下理解一个再一次出现或已有的术语，然而由于某些原因词典没有收录。但是，这种做法只有在词典没有提供带有该成素的术语的情况下才说得通。如果这些术语在词典中已经存在，就可以根据成素的语义依据这些术语作出结论。然而语义并不是翻译。

在词典中洛特十分关注同义词和多义词的翻译特点。诚然，这里应该指出这样一个事实：在洛特的理念中，把各种术语变体也看作同义术语，而把意义不确定或在不同作者或不同学派那里意义经常变化的术语，即所谓的两栖术语也归为多义术语。尽管洛特对术语总汇中的同义术语和多义术语持否定态度，但是洛特作为术语研究者无人能敌。

洛特所确定的所有同义词在词典中都以相互参见的形式联系起来。多义术语的义项以译文的形式给出，用阿拉伯数字标出义项号。同时，洛特把他所知道的俄语中所有同义词都给出来，并加上标注：不建议使用、希望使用、可以使用、允许使用。可以有把握地说，洛特在完成统一术语和采用标注的这些工作上花了相当大的气力，然而并没有得到应有的回报。术语学开始沿着更加复杂的方向发展，洛特当时是无法估计到的。

从词典的结构可以看出，洛特也关心词典对术语处理的其他问题。比如，他的词典与现代的术语词典不同，在他的词典中，可以找到一些造型术语、大量的繁化的术语组合和短语。

在评价洛特为发展科技术语词典学的贡献时，我们必须看到，在他的创作中有两个特征，两个层面一直处于相互排斥的关系中，即对所创建的术语采取的规定态度和对现存术语的科学描写态度。洛特本人对这两种视角并没有清晰地划分出来，尽管在实际的研究工作中洛特对语言事实观察得十分细致。

然而，洛特构拟了编纂某一学科双语词典的工作原则。在这篇文章中，作者按照称名学原则编纂词典的努力是十分明显的，这也使得他继续对翻译的单位进行探索。倾向于不仅在跨语言的层面上，而且在术语系统内部对术语的概念意义和形式表达进行对比，使洛特得出了理念新颖的对术语及词典编纂的解决办法。

洛特要求翻译人员在开始工作之初应该认识一个概念在概念系统内的地位，洛特在实际工作中把术语看成是一个纯双面结构，把术语从术语体系中隔离出去，剥离出来，使术语失去了所有的间接联系。而术语之所以作为术语单位而存在正是由于这些间接联系。尽管如此，洛特让我们看到了，术语工作和术语词典编纂是社会语言实践的重要形式，在人类的文化、历史活动中占有一席之地。

20 世纪 30～40 年代，在术语学领域一些研究方法方向的形成与洛特和德列津的名字密不可分。有一种观点认为，两位专家曾经密切合作过。然而事实未必是这样。德列津最终也没能有机会在科学院的学术平台上发表其作品。如果单看发表的著述，洛特理当是术语学领域的方法论者。应该指出的是，在洛特的著述中清晰地区分了两个范畴：选择和建构术语是研究阶段，而术语标准化则是应用阶段。这两种视角在洛特的《试论科技术语选择和建构的一些问题》这篇文章中表现得特别明显。

我们想提醒读者不要逐字逐句地去读洛特的这篇文章。文中学者不仅仅指出了术语应该是什么样的，换言之，术语应该具备哪些特征，他还创建、创造这些特征，并把它们描写成存在的实体。洛特的这种机械的想法使这些特征在内容方面最小化，也使通用词的相应特征变为负面的特征。

的确，从文章的开头能够明显看出洛特对术语缺点所持的否定态度："技术术语的毛病使教育教学过程变得异常复杂，使交际出现困难，在工业标准方面有不良影响，并最终导致了在实践中的或大或小的错误。"但是，在文章的第二段，洛特就说出了造成术语缺点的一个原因是科技概念的发展。因此，显而易见，就连规范术语洛特也总是通过术语的发展进行动态考察的，体系的发展是由于概念体系的激增而引起的。

当然，我们不应该忘记，当时术语学者学术机制的主导范畴是所谓的"正确术语"范畴。

下面我们看一下体现在这篇文章中洛特的一些具体探索。如文中所见，洛特已经在完全有意地证明，某一学科的术语总汇构成一个术语体系，即术语体系是事先存在的，而不是创造出来的。改善现有的术语体系应该沿着调整术语的一些特性的途径进行，如术语的多义性、术语成素的多义性、术语的同义性、术语成素的同义性（包括语法同义性）、术语的照应、术语间的一致、术语的简单明了、术语的可用程度。

术语多义性的界限对洛特来说是很明显的：在一个术语系统（按洛特的观点，在这种情况下术语系统只能是狭窄学科的术语）范围内术语的单义性，在一个学科术语系统内如果使用一般技术术语和跨学科术语，应该遵守一般技术术语和跨学科术语的意义。这样一来，要求术语的单义性，按照洛特的观点，显然是要求在文本中原原本本地使用术语，而不是强制性地要求术语要意义单一。

洛特几乎把术语中所有称名的变体现象都看作是同义词，由此他得出结论：技术术语中的同义现象的普遍性并不比多义性差。作者区分出了绝对同义词和相对同义词。在表述自己对同义现象的反对态度时，洛特却承认同义现象是术语系统不可分割的组成部分。他分析了允许术语出现同义现象的几种情形：第一，不同学派使用同义词；第二，有必要区分概念中的各种特征；第三，术语的形式要简洁；第四，属种替换(不是纯同义词)。

洛特的文章中所讨论的“术语照应”这个范畴在术语学文献中广为普及。术语照应的基础是术语的字面意义和术语的实际意义之间的照应关系。洛特考察了照应关系的三种体现：第一，真指向的术语；第二，中性术语；第三，假指向术语。原则上，洛特比较青睐于前两类术语，但在解决具体问题时也有一些出入。

洛特还专门研究了一类术语，其内容，按他的观点，包括名字特征，如地理名称、国家名称、姓名等。当然，洛特建议放弃这类普遍使用的术语。但同时他也认为，带姓氏的术语是按照某项发明的实际作者或组织者创造的，如果能够反映某个重大的技术事件，如果这些术语能接下来在派生术语中作为术语成分的话，它们也是允许的。

洛特也提到了一类其中包括性质形容词术语，如“低压”这样的术语。洛特提出制定出“千”“十”一类的前缀体系，用这类绝对的量化来取代这些表示相对特征的概念。洛特的想法并没有得以实现。这类术语仍存在着，并且在术语学中获得了独特的称名——约略术语。

洛特所探讨的术语间的协调一致的这个范畴也是很有争议的。就其实质而言，这个范畴的意义很简单：对于处于同一划分阶次的同一级的概念来说，构成概念术语基础的特征也应该是同一个层级的。同时，术语的结构也应该是相同的。显然，这里谈的是术语系统逻辑的严整性。

洛特也很清楚，这种严整性只可能在想象中存在，任何时候也不会达到，因为人的认识过程是在不断发展的。

关于术语形式要简洁，在洛特文章发表后也引发了广泛的议论。而我们从洛特那里可以吸取的只是简洁这个思想，因为洛特并没有明确解决，当一个学科采用某术语时，在多大程度上应该使用缩略术语的方法。

像在他的早期作品中一样，洛特一如既往地使用通用词来说明术语。他试图赋予通用词语一定的范畴的身份，如“简单”“易懂”“明晰”“精准”“机智”“充实”“杂糅”“纯洁”之类的词语。

如果说洛特早期的著述（1931 年，1932 年）是苏联术语学派的宣言的话，那么他 1940 年的文章就是术语学的遗嘱，准确地说是为自己，而不是为研究人员所写。从文章中可以看出，洛特没有看见自己的读者，没有倾听同行的声音，没有去说服持不同观点的人。洛特 1940 年的文章几乎包括了方方面面：不止一次确定了术语体系的语言概念组成，描写了术语成分的实质和某个术语的大量的特征。

洛特的术语学思想和术语词典编纂方法论给后人留下了宝贵的学术财富，他的实践活动值得我们研究，其理论和实践成果现在仍然引发我们的思考。

第5章

俄国术语学研究的符号视角

最早的符号学思想可以追溯到人类早期的文明史。“如果把符号学思想看作是广义语义分析思想，那么希腊哲学史就是一部丰富的符号学史。”（李幼蒸，1999：2）但是，如果提到系统的符号学理论，可以说，这是20世纪以后的事情了。从60年代起，当代符号学几乎同时在法国、美国和苏联兴起。当今，在学界最为通行的一般符号学理论体系主要有四家，即美国的皮尔士符号系统、瑞士索绪尔符号理论系统、法国柯孟马斯符号理论系统和意大利艾柯的一般符号学。（郑述谱，2005：137）时至今日，符号学的分析问题的视角和一些方法已在很多人文学科中发挥着重要的作用。

5.1　符号和术语的联系

研究符号学，首先要对符号概念本身有一个正确认识。目前，较为流行的界说来自双重意义学派的思想，即把符号看作是一种“社会信息的物质载体”，并由此概括出符号的三个必备特征：其一，符号必须是物质的；其二，符号必须传递一种本质上不同于载体本身的信息，代表其他东西；其三，符号必须传递一种社会信息，即社会习惯所约定的、而不是个人赋予的特殊意义。这一观点把符号的物质性和思想性有机地统一起来，因此得到了大多数学者的认可。（王铭玉，1999：5～6）

在对术语的研究中，学界给“术语”下定义的尝试一直未曾停止过。在大量的定义中，很多是从不同的视角给出的。从符号学的角度说，术语是通过语音或文字来表达或限定专业概念的一种约定性符号。术语是在一定的专业领域和专业背景条件下的专用语言，作为科技发展和交流的载体，反映着科学研究和技术进步的成果，是人类科学知识在语言中的结晶。术语符号是由文字符号构建而成，专门用在科技文献当中的一种特殊性质的符号模式。（刘青，2002：37～38）术语符号是由概念、意义等带有规则性、概括性、抽象性的内容（所指）组成的一个统一体。每一个术语符号都包括了一定的表示形式（形象、音响），即符号学所称的能指，和一定的被表示内容（概念、意义），即所指。把这一表述与上面符号的三个必备特征进行比对，则会发现术语和符号间有很多相通之处。这就是为什么俄罗斯语言学家 Реформатский 会给术语的意义下一个简短定义：术语的意义就是术语在理论中的地位。（转引自 Татаринов，2003：170）这与索胥尔对符号价的阐释如出一辙。

5.2　符号学的构成

作为符号学的开山鼻祖之一的莫里斯（Morris Ch.）最初认为，语言符号有三类关系，即符号与语言其他符号间的关系，符号与所表达客体间的关系，符号与符号使用者或理解者的关系。这三类关系决定意义的变化。这些变数也成了相应三个方面的研究对象，即语构、语义和语用。（Morris，1937：4）从这里我们似乎隐约可以看出，莫里斯把符号与客体的关系确定为语义学的研究对象，这是一个误区。遗憾的是，到目前仍有学多学者赞同这一观点。可是，在同一本书的另一处，莫里斯对自己的上述观点就已经不那么坚持了。他写道："上面每一个关系都是对意义的考量，符号和客体的关系，考量的是存在的意义；过程价值的心理、生物和社会层面是意义的语用考量，或者叫语用意义；与语言系统内部其他符号的语构关系是意义的形式考量，或者叫作形式意义。"（Morris，1937：65）上面的两段论述中，在第一段中莫里斯清晰地划分出了符号的三个功能，可是，相隔大约60页他能够比较确定地划分的只有语用和语构两个功能了。而对于符号与客体的关系（即存在意义）到底是什么的问题，却没有给出明确的决断。此外，莫氏对符号的语义功能的阐释也并不是十分清晰。

5.3　俄国术语研究的符号视角

在术语研究中，符号学的方法就其通用性而言是仅次于系统方法的一种研究方法，它在术语研究中的使用历史已经有30多年。（郑述谱，2005：138）

传统上讲，符号、事物、表达事物的概念以及符号使用者是符号学研究的四大要素。在俄国，率先用符号学方法来研究术语的，应该首推列依奇克（В. М. Лейчик）和韦谢洛夫（П. Веселов）。列依奇克指出，术语学研究中也同样存在四种非同质的关系，这就是术语之间的关系；术语与其指称的事物之间的关系；术语作为符号与指称的概念之间的关系；术语与使用者之间的关系。

术语的特性是术语学研究的首要问题与核心问题。韦谢洛夫首先用符号学的三个组成部分来分析术语的特性。作为符号单位的术语，其特性也可以用符号学的理论来分析，同样可以从语义、语构和语用三个方面来认识术语的诸多特征。比如，通常说，术语不应有同义与多义，术语与所表达的概念义应该一一对应，术语只反映概念的最必要的特征等，这些都可以归入符号学的语义方面。再如，术语，尤其是核心术语，应具有进一步派生其他术语（主要是复合式术语）的能力，这一要求就可以归为语构方面。术语要简单明了，便于读出，听起来悦耳，要有可译性，对术语的这些要求就属于语用方面。这些看法实际证明了符号学方法对术语研究同样具有适用性。

然而，把符号学方法用于术语研究，绝不能仅停留于相关术语的简单移植或机械套用。由于术语及其系统存在的独特方面，符号学的方法在用于术语研究的过程中也得到了充实、变化，以至新的发展。在术语学研究中，就语构来说，它已经不仅仅限于研究术语在线性言语链条中的组合关系，同时还延伸到术语的聚合关系。这是因为，术语总是属于相应的术语总汇中的一个成分，一个元素，不能脱离开与它有聚合关系的术语，孤立地来研究它，否则，术语将失去意义。

在语义方面，就术语与指称的概念间的关系以及术语与其指称的事物之间的关系而言，术语同样存在不可忽视的特点。首先，术语是表达概念并指称事物类别的，这使术语与非术语存在一个明显的不同，即术语要传达出概念的本质特征以及它在概念系统中的位置。同时，术语指称的事物通常总是与各种科学、技术、生产领域的活动有关。

而就语用方面来说，术语所存在的特征就更值得注意。首先，术语需要有人的自觉干预，并且，人还要持续地对术语进行标准化加工。其次，术语是认识的工具，它可以将现实模式化，将人在认识过程中形成的观念，甚至是某些与意识形态有关的观念，强加在术语身上，社会政治词汇尤其如此。（郑述谱，2005：140）这一点与前面所谈及的符号所具备的三个特性之一，即社会习惯所约定的是相契合的。

然而，对于符号学传统的三个研究方面，很早就有人提出了补充修正。克劳斯（Клаус）主张，符号研究还应该增加另一个方面，这就是符号与事物之间的关系。他把它称作 сигматика（Клаус，1967：17），是关于事物命名的理论，此处试译作命名学。另一位俄国的语言学家柯杜霍夫（В. Кодухов）也发表过一些涉及符号学一般原理的论断。他在《普通语言学》一书中写道："一般符号学着重强调人、其他动物（如蜜蜂）和机械符号系统的共性，它把符号广义地理解为：一种人和其他动物、自然界和机械都可以具有的符号的替代物和代表。"（柯杜霍夫，1987：103～164）然而，自然界的"符号"和人类的符号在本质上是有区别的。他认为，所谓自然符号或称特征符号，不应该与人类的符号相提并论。

特征本身并不是符号。符号单独存在于事物或现象之外，而特征则是人们所感知和研究的那个事物或现象的一部分。用符号来解释特征，虽然从逻辑上和符号学角度对于科学分析的方法有很大的意义，但是并没有把自然的或社会的现象变成符号系统。而人工符号或称信息符号并不是它所表现、所代表、所传递的事物的一部分，它们是为形成、保持和传递信息而专门制定的用以代替或代表事物、现象、概念及判断的。因此，柯杜霍夫主张将自然符号排除在符号学之外。同时，柯杜霍夫也支持克劳斯的对传统符号学三个研究方面的补充意见。

把语构学（句法规则）理解为研究符号系统内符号间的相互关系，而在一般符号学中只是符号与其所代表的事物间的关系，这可能大大改变符号的研究范围，因为符号与其指称的事物（所指）的联系与符号与事物的概念间的联系，这是完全非同质的东西。可能同时有几个概念也就是几个符号来对应同一个事物。因此，克劳斯提出应该把符号区别成四个，而不是三个研究方面，即应该增加命名学这个方面。сигматика 就是研究符号与所反映客体之间关系的，代表所反映的客体。可以说，符号学的这四个方面的关系是紧密联系的：语义学和命名学是语构学的前提，而这三者又是语用学的前提。坚持命名学是符号学的一个主要分支，同时也是为了证明主客体的辩证统一。克劳斯写道："皮尔士作为符号学的奠基人，没有清晰地区分语言符号代表的功能和意义功能，因此把这门学科分出不是四个，而是三个主要分支。"（Клаус，1967：17）

有趣的是，当年恩格斯也注意到命名理论的这种用途。在他的《自然辩证法》中，恩格斯写道："称名的意义……在有机化学中，某一物体的意义，相应地，它的名称，已经不仅仅取决于它的成分，而是受制于它所在序列的地位。因此，如果我们认为，某一物体属于某一序列，它的名称就变得有碍理解，就应该用一个指出这个序列的名称取代。"（Маркс К.，Энгельс Ф，1967：609）可见，恩格斯实际上证实了，符号的命名和语义功能应该处在一定的相互关系中，并且它们的关系应该是一个特殊的研究对象。

用符号学的方法来研究术语，不仅对术语学问题有了更清醒的认识，同时，反过来，又进一步推进了对符号学的某些问题的认识。具体说来，人们发现，仅仅从语构、语义、语用三个方面来考查符号的性质与特征是不够的。如果把符号与事物的关系、符号与概念之间的关系也纳入符号学的研究内容的话，这就会使语境更进一步复杂化了。仅靠在句法方面对符号的功能特点进行分析属于一种静态性质的观察。在上述三个方面之外，还应该再增加一个研究符号的产生与发展特点的方面。有些学者把这个方面称为演进学（эволютика），即研究符号的演变、进化，以揭示其发展趋势的方面。

研究符号的演进可以帮助我们对符号进行更准确的分类。可以看出，符号的演进也呈现出等级性。最早生成的符号大多是自然符号。接下来出现的可能是约定符号，这是经专门约定用来表达、保存与传递信息的符号。用作约定的符号最初可能是用来传递简单信息的形象符号，再接下来则可能是表征性的符号。表征符号在使用过程中可能逐渐演变成为进一步抽象化的图形，如此等等，而在语言中则可能体现为比喻与借代。前者依据的是从外部特征相似到内在特征相似，而后者仅靠相关就可以发生。文字符号也是一样。从图画文字演变到象形文字，这些都可以看作是表征符号向抽象化发展的例子。

就俄国的术语学理论来说，经过大批学者几十年的辛勤耕耘，已经形成了一套具有较强的解释能力的理论以及体现这一理论的一套术语系统。其中，像术语（термин）、术语变体（вариант термина）、类术语（терминоид）、初术语（предтермин）、术语成分（терминоэлемент）、术语化（терминологизация）、去术语化（детерминологизация）等概念，不仅在术语学的理论系统中居于某种核心地位，而且其理论辐射力与解释力也相当强。例如，"术语变体"的存在就反映出对术语的非独一性的有条件的认可；"类术语""初术语"的概念就是术语历史发展过程的反映，通过"术语化"与"去术语化"等概念就能看出非专业词汇与专业词汇间的相互转化现象。

俄罗斯术语学学者格里尼奥夫（С. В. Гринёв）认为，把符号学理论用于术语学研究，其研究方面就不仅仅限于三个方面，而应该包括六个方面。сигматика（命名学）是研究（术语）符号与事物之间关系的，语义学（семантика）是研究符号与概念间关系的，符形学（морфетика）是研究符号的形式与结构的，语构学（синтактика）是研究语流中符号之间的关系的；语用学（прагматика）是研究符号的使用的；演进学（эволютика）是研究符号的产生与发展的。（Гринёв，1996：15）

应该看到，符号学方法用于术语学研究还仅仅是个开始，但必须承认，它已经取得了可喜的成绩，它不仅从另一个角度验证了已有的术语学研究的某些结论，而且从新的视角拓宽并加深了对术语的研究。因此，可以相信，符号学方法肯定会成为在术语研究方面有广阔前景并卓有成效的一种方法。

第 6 章

俄国术语整理与标准化研究工作概略

俄国的术语学研究起步较早、成果颇丰。特别是近半个世纪以来，术语学理论研究成为俄罗斯学术研究的一个新的学科增长点。俄罗斯术语学者研究的领域十分广泛，视角比较新颖，方向特别全面。著名的术语学者，如列依奇克（Лейчик В. М.）、格里尼奥夫（Гринёв С. В.）等对术语学研究方向进行了比较细致的划分：首先划分出理论术语学，主要研究专业词汇发展和使用的规律，在理论术语学的基础上，划分出应用术语学，它研究解决各种实际问题的原则和方法，具体地说，就是制定术语实践工作的原则，在排除术语和术语系统的缺点、术语和术语系统的描写、评价、编辑、整理、创建、翻译和使用等方面提出建议。（Лейчик，1989：47；Гринёв，1993：15）术语整理工作只是应用术语学的一个方面。

俄罗斯术语学研究自开展之日起，便一直把致力于术语整理工作的研究和具体实施作为术语活动的重要内容之一。如同其他国家一样，俄罗斯的术语整理工作，除了各级管理部门纯行政方面的组织和安排外，学术研究的成果和理论观点更加令人瞩目。本章拟就俄罗斯术语整理与标准化领域的学术研究成果进行概略的介绍，以期对术语学理论研究，尤其是术语整理与规范的实际工作有所裨益。为了研究方便，我们把俄国的术语整理活动划分为三个阶段：20 世纪 30 ~ 40 年代——经典人物的术语活动；20 世纪 40 ~ 70 年代的术语工作；20 世纪 70 年代后的术语工作。

6.1　20 世纪 30 ~ 40 年代——经典人物的术语活动

俄罗斯术语学界有四位学者被堪称经典式的人物，他们是洛特（Лотте Д. С.，1898 ~ 1950）、德列津（Дрезен Э. К.，1895 ~ 1936）、维诺库尔（Г. О. Винокур，1896 ~ 1947）和列福尔马茨基（А. А. Реформатский，1900 ~ 1975）。其中的两位：洛特和德列津，除了对术语学的一般理论有很深入的研究外，他们还对术语的整理工作给予很大的关注和热心的投入。

洛特是俄罗斯术语学奠基人，他在术语整理方面的著述最多。他的第一篇术语学方面的文章《论技术术语当前面临的几个任务》，就是直接针对术语的整理工作而写的。开篇作者就提出了当时科技术语中存在的一些问题：如多义术语、同义术语、同音术语、半术语等。

正是在这一术语学的开山之作中，洛特提出了被后人认为是对术语的一些“经典”要求：*术语应该没有同义词和同音词，应当简单明了，在学科之间是单义的，要能够引起某种联想。*（Татаринов，1994：9）最后这个要求，如果用今天的语言学的话语来表述的话，就是要有一定的理据性。洛特的这些思想与术语的整理与规范活动都是分不开的。

洛特于 1932 年发表的《论技术术语的规范》一文，继续批评所谓的“交叉”术语、“区别不清”术语、“歪曲性”术语等现象。（Лотте，1932：139 ~ 140）洛特在批评技术术语中存在的种种不合乎科学现象的同时，逐渐建立起了一个全新学科的概念体系，这一点他本人未必会清醒地意识到，但是后人却对这一点表示一致的认同。正如当今俄国另一位术语学家塔塔里诺夫所说："洛特的第一篇著述已经表明，研究与整顿术语已具备了一个独立学科的轮廓"。（转引自郑述谱，2005：73）

1937年，洛特和恰普雷金（Чаплыгин，Лотте，1937：867～883）联合署名发表了《技术术语规范工作的任务和方法》一文。文章重申了洛特早先发表的一些理论主张，阐述了与术语工作的行政管理相关的一些问题。值得注意的是，关于术语（所表示的概念）的定义问题在文中占有相当重要的地位。作者指出，术语实践工作的最终目标是在各个知识领域、技术部门和学科中制定出正确的、单义的术语系统。洛特对当时各个学科术语的定义现状表达出了不满的态度。他指出，没有哪一个学科有现成的概念定义在术语工作中可资利用。其原因在于，一系列重要的概念根本就没有定义，在科学、教学或参考文献中，这些定义往往被一些似是而非的解释所替代；相当一部分定义已经陈旧，与现代的科学技术理念发展背道而驰。还有一些定义是通过概念或者自身还有待确切定义的概念来下定义；另外，绝大多数的定义的形式不方便，有的没有包括足够必要的、能突显被定义概念特点的特征。为此，作者强调说，任何术语工作都应该把为概念下定义当作先导。不仅如此，还要以批判的态度去看待已经流行的定义以及这些概念本身，清除那些明显陈旧、不合科学的概念。作者还认为，给术语下定义的目的在于确定术语的内容及其意义。定义应该准确划定术语所指概念的界限，包含概念充分、必要的特征。正是通过定义，术语才在某一术语系统中具有完全确定的位置。

洛特于1939年发表的《论术语的标准化》一文中，坚持强调，术语的准确性在于它有定义并且意义界限清楚。"非单义性"肯定是术语的"缺点"，同义现象也是术语的"不良品质"。因此，整理术语应该从筛选不带有这些缺点的术语开始。同时，还应该未雨绸缪，对可能参与创立新术语的专业人员进行术语培训。（Лотте，1939：12）洛特是较早提出把对术语工作者进行培训纳入术语整理工作中来这一思想的学者。这个想法对术语实践工作，包括术语词典的编纂仍然有重要的现实意义。可以说，这些问题都是根据当时术语的实际情况有的放矢地提出的。该文的可贵之处还在于，作者还提供了解决具体问题的一些方法。

洛特的另一篇文章《谈选择和构建科技术语的几个原则性问题》，是作者于1940年4月26日在苏联科学院理学部大会上所作的报告。在报告中，洛特开门见山地指出了技术术语的毛病及其带来的种种弊端。他进而指出，这些毛病主要是由两方面的原因引起的。第一与科技概念的发展相关，第二则在于起初所创立的术语不正确或者是不正确地使用术语。从而可以得出，为了确定筛选和建构个别术语和整体的术语体系的一般的以及具体的原则而进行理论问题研究具有特别的意义。（转引自Татаринов，1995：113）在这篇文章中，作者主要就如下一些问题进行了阐述：多义现象以及术语成素的多义性；术语的同义现象以及术语成素的同义现象；术语的对应和术语间的照应与协调；术语应该简明；术语应该通俗易懂。应该说，这些想法都与术语的整理工作密切相关。

洛特在自己短暂的一生中，除了以上所论及的著述外，还发表了很多术语学方面的文章，也都不同程度地涉及了术语的整理问题。我们自然可以得出这样的结论，洛特在术语学的研究中对术语的整理与规范始终给予极大的关注，提出了很多有见地的思想，为后来的术语学理论研究，特别是术语的整理与规范工作打下了比较坚实的基础。

德列津与洛特是同时代的人，但就他们在术语学领域的名气而言，由于历史原因，德列津往往被排在洛特之后。德列津担任过俄国及苏联世界语协会的领导职务，曾经是全苏标准化委员会委员等。这位学者一生著述颇丰。据不完全统计，其文章及专著的总数达两百多篇（部）。其中有关术语整理和术语标准化的论著占有相当大的比重。

1932年，德列津发表了《论资本主义与社会主义体制下的技术术语言规范化》，是对维斯特《技术语言，特别是电工学语言的国际规范》一书的介绍和评论，这可以说是他的第一篇术语学研究成果。该文刊登在1932年的《国际语言》杂志上。首先，他对“语言—民族语言—技术语言”这三者间的关系予以关注。他引述马克思、恩格斯的话来纠正维斯特，他把列宁、斯大林以至马尔的话当作理论依据来批评、补充或者肯定维斯特。他特别强调维斯特关于必须把研究语言与社会科技发展联系起来、同掌握新技术联系起来的思想。德列津响应维斯特关于规范语言与整理技术语言的思想。他认为，这样做可以使技术语言避免多义、同义、同音异义、翻译不准确等现象的存在。而在社会主义社会，解决科技语言规范化的办法应该从发展文化与语言的大趋势中去寻找，这个大趋势就是所谓的“形式是民族的，内容是社会主义的”。文章的最后，德列津谈到了20世纪30年代的苏联在技术语言的规范化方面若干有待优先考虑的问题：第一，团结相关技术部门专家与语言学家一道工作；第二，搜集并系统整理技术术语；第三，由专门的术语委员会筛选可供推荐使用的术语，要排除同音异义、同义术语；第四，关注术语国际规范化的经验；第五，技术语言与技术术语的规范化应该并行；第六，应该分两个阶段实行技术语言的规范化：首先整理技术术语，然后采用适合的技术语言；第七，吸纳全社会参与讨论技术术语问题；第八，建立由有关部门代表组成的特别委员会。可以说，以上的这些方面对当今指导整理和规范科技术语的工作仍然具有很强的现实意义。（郑述谱，2005：80～81；Татаринов，1994：80～103）

德列津1933年发表了《论科技概念、术语和表达标准化领域当前的任务》一文。作者在文章中阐述了科技概念、术语和表达标准化对国民经济的重要意义，指出了该项工作中存在的一些不足，如科技术语表达标准的制定不连贯，没有十分明确的任务。他最关注的是怎样“确定某些术语的准确的内容界限”问题。他主张，“这项工作应该从中学教育就开始做起，然后到大学，再到各技术与应用领域”。俄罗斯对术语工作，尤其是术语的整理工作的重视程度从中可见一斑。

1933～1936年，德列津发表了一系列关于术语标准化方面的文章与专著。尤其值得一提的是《科技术语与表述及其标准化》一书。这部书最有分量的是第二章，题目是《科技术语与概念》，包括如下主要内容：语言与科技术语；术语派生的可能性与形式；科技术语的充实；科技术语的缺陷及其后果；科技术语的定义；正确选择术语的前提。这些方面是开展术语整理与规范工作的理论基础。德列津把给概念下定义、为定义确定词语表达都与人的认识联系起来，并把它们视为一个动态发展的过程。这与对术语作出种种立法式的规约相比，是一个很大的转变。可以看出，德列津的研究由规定术语学转向了认知术语学。（郑述谱，2005：82～83）

德列津对概念的分类和术语标准化活动之间的关系有着比较深刻的理解。他认为：“分类与标准化的联系极为密切，因为标准化要求对所有的概念和术语尽可能明晰地划分，这种概念划分正是借助分类才最容易实现。”（转引自郑述谱，2005：215，85）

6.2　20世纪40～70年代的术语工作

20世纪40年代，由于众所周知的原因，术语学的理论研究停滞未前，几乎没有像样的理论著述问世。

50年代以后，术语学的研究开始活跃起来，与国民经济和社会生产密切相关的术语的整理与规范工作的研究也显示出了强劲的势头。这期间有很多术语整理与规范方面的文章、文件和专著问世。较有建树的学者是捷尔皮格列夫（Терпигорев А. М.）院士，他主编了《科技术语的研究与整理指南》（1952）；当时各行各业的专业人士对专业术语的整理问题显示了浓厚的兴趣，希望深入研究该问题。为此，《语言学问题》杂志编辑部请求时任苏联科学院技术术语委员会主席的捷尔皮格列夫向读者通报一下该项工作开展的一些原则。捷尔皮格列夫于是发表了一篇题目为《论技术术语的整理》的文章，刊登在1953年《语言学问题》杂志第1期上。编辑部希望所有对专业术语感兴趣的人士针对捷尔皮格列夫院士的这篇文章发表意见，就其中触及的一些原则性问题发表看法。

捷尔皮格列夫在这篇文章中指出了科学院技术术语委员会在整理术语工作方面的一些做法，包括分析现有术语的缺陷，研究对科学术语系统提出的要求；研究整理术语的方法问题；研究与建构概念分类和定义相关的问题；创立新术语的方法。依据所制定的这些原则，技术术语委员会对主要的一些技术学科的术语进行整理。

1968年，苏联科技术语委员会还出版了一部专著《怎样开展术语工作》，阐述了整顿术语的一般方法论原理。

这个阶段的另一位学者科里莫维茨基（Климовицкий Я. А.）发表了一篇题为《论科技术语工作的一些方法问题》的文章（1969）。文章探讨了术语和一般词语的实质性区别，对术语的单义性问题有了进一步的认识。作者一方面赞同列福尔马茨基关于术语的单义性是相对的，因为在词汇空间内受术语场或亲近的一些术语场的限制。他同时还指出，术语单义性是相对的还由于在时间上受到一定的限制。人类的概念不是静止的，而是永恒运动的，不断相互过渡、彼此融合的，没有这一点概念就不能反映现实生活。概念的这种动态变化尤其对那些发展迅速的知识领域特别典型。现在尚未引起任何误会的一个单义术语，随着某一科学技术领域的发展而出现新的概念，这些概念一经在实践中与昔日术语的语言符号联系起来，本来的单义术语可能会变成多义词。于是就提出要克服出现的临时多义性的任务，可能需要寻找别的符号来表达新的概念，这样便构成新的术语。因此，在这个知识领域发展的某一个阶段必须整理和稳定术语（总汇）。对术语必须单义的要求只有当术语的语言符号只与在该领域或相近的知识领域的概念体系占有一定地位的某一个概念对应的条件下才能实现。此外，作者用了一定的篇幅介绍了国际标准化组织以及苏联标准化委员会的一些工作。

6.3　20 世纪 70 年代后的术语工作

应该指出，在此之前的很多著述，其中强调的整理术语问题大多带有一些“行政性”的因素。至 20 世纪 60 年代末 70 年代初，随着语言学家的更多参与，术语标准化工作中的行政性的做法有所减弱。（郑述谱，2005：216）这里有两个人的名字应该提到，那就是盖德（Герд А. С.）和达尼连科（Даниленко В. П.）。盖德的文章题目是《科学术语的形成与统一问题》（1971）。文章的开头指出，现有的有关术语统一的文献总是偏重提供创建新术语可资利用的词、词素等材料，而对某些类型的词或词素在有关科技术语内的使用规律以及历史发展趋向则很少提及。这一点无论对老学科术语的整理与统一，还是对年轻学科术语系统的建立都是不利的。

达尼连科的文章题目是《对标准化术语的语言学要求》（1972）。该文作者多次参与术语系统国家标准的审议工作，文章主要是针对提交审议的国家标准草案中发现的问题而写的。作者认为，标准化术语不应该仅限于名词，形容词与副词甚至动词也应该包括在内，因为在由词组表示的术语中，形容词与副词是经常出现的，而在篇章中，或者在有的专业范围内，动词形式也经常使用。在确定术语的语义特点时，作者主张用“相对单义性”的概念更妥当，至于同义现象或者变异现象甚至在已经批准的国家标准中也是存在的。

在稍后的几年中，又有几篇重要的著述发表，均发表在《科技信息》杂志上。文章集中对20世纪20~30年代以来一直没有得到妥善解决的术语标准化问题进行了阐述，其中包括：列依奇克的《论现代自然语言中划分术语的多层次》（1976/6：3~7）；卢伯夫与尼基福罗夫卡娅（Луппов С. П.，Никифоровская Н. А.）合著的《论术语的国家标准》（1979/3 ~ 7）；考布林与别卡尔斯卡娅（Кобрин Р. Ю.，Пекарская Л. А.）联名发表的《术语标准化：希望与现实》（1976/9：8~12）；阿维尔布赫（Авербух К. Я.）的《论术语标准化》（1977/10：1~4）。（转引自 Герд，2005：186）

进入80年代以后，这个方向的理论探索更加深入。达尼连科还与斯克沃尔佐夫（Скворцов Л. И.）联名发表另外一篇文章《科技术语整理的语言学问题》，载于1981年第1期的《语言学问题》杂志。文中特别指出，在术语整理工作中，语言学工作一方面具有很大的独立性，但同时又不可能孤立地进行。只有对作为专业概念符号的性质有清晰的认识，对术语的本质特征、词汇语义以及专业词汇的构成发展的基本趋势有清晰的认识，术语的统一工作才能建立在科学的基础之上。同时，在进行实际推荐时，必须对术语所表示的概念本身有理论性的思考。作者强调的是语言学知识与本体专业知识的并重与结合。

还有一篇文章，同样是两人联合署名，题目是《统一术语的规范基础》（1982）。在这篇文章中作者提出了“规范的职业变体”这一概念，认为这既在总体上与语言的系统结构基础相符合，同时又与语言现实的发展倾向、语言表达与语言外部的需要一致。在功能职业变体中，既要考虑科学语言作为一般标准变体的共性的东西，也要考虑在科学语言中有，而在一般标准语系统与结构中没有的特殊性的东西。为此，在选择规范职业变体的手段与方法上，应该遵守的基本原则是：现实需要的迫切性、合理性和类推性。“职业术语变体”是一个具有可操作性的标准，也是对“规定论”在整理与统一术语工作中的地位的一个有力的挑战。(郑述谱，2005：219～220)

稍晚还有很多重要著述发表。别拉霍夫（Белахов Л. Ю.）的《术语标准化工作进展的现状和前景》(1981）一文针对一些人担心“立法式”地为术语定标准会扼杀科学概念，使其僵化，从而阻碍科学的进步表达了作者的一些很有见地的想法。他认为，这种观点是不正确的，因为整理术语以及术语标准化体系是很灵活的，能够及时反映随着科学的发展概念发生的进展。他同时也反驳了一些人认为没有必要进行术语标准化以及术语整理与标准化会使标准语变得贫乏等一些错误的认识。作者在这篇文章中还指出了俄罗斯术语工作的三个方向：词典（包括推荐的术语集）编纂活动、苏联科学院科技术语委员会进行的术语整理工作和术语标准化工作。作者对术语整理和术语标准化工作还进行了具体的区分。他认为，术语标准化与术语整理不同，前者不仅确定单义术语以及确切术语的定义，还对术语进行系统化，吸纳各行专家参与术语工作，对订立标准的术语的使用情况进行监测。术语标准化的对象不仅包括科技术语，而且也包括工艺流程、原材料、文件、计量单位等的名称。(Татаринов，2003：360～361)

利多夫（Лидов И. П.）发表了《本国医学术语整理的现状、问题和任务》(1981）一文，其内容从题目便可略知一二。作者在文章的最后提出了整理医学术语的一些具体方法和步骤，我们认为这对术语整理的普遍工作都是有指导意义的。作者提议首先应该清点医学每一个部门的术语总汇，在此基础上按下面几个方向对其进行整理：排除多义术语；研究所谓有争议的术语的定义，并对定义进行协调；从同义术语中选取比较合理的，当前可以接受的术语；如果有必要，用非名祖术语替

换名祖术语；从语言学的角度对术语进行润色；限制采用新术语。（Татаринов，2003：362～365）

勃格丹诺娃（Багданова）与玛卢先科（Марусенко）两人合写的文章《科技术语标准化：神话与现实》（1982）指出了当前更多的术语学者对术语的整理、术语系统的调整与标准化感兴趣，却不顾现实情况，为术语提出了一些理想化的条件，如要求术语要简洁、单义、没有同义词、同音词、与所表达的概念一一对应、词汇应该具有系统性等。然而，现实中的科学术语往往不符合这些要求，不能满足科学交际的需要。同时，作者也指出了目前术语工作中一些不足，如对术语的要求与术语工作的现状之间存在矛盾，经过精心准备的术语建议被利用的程度不够，主要被用作参考材料。（Татаринов，2003：365～368）

萨穆布洛娃（Самбурова Г. Г.）的《论规范是术语工作的目的》（1983）一文对术语的规范性进行了阐述。（Татаринов，2003：356～360）

阿维尔布赫（Авербух К. Я.）的文章《术语标准化：总结和前景》，刊登在1985年的《科技信息》杂志第一辑第三期上，是为纪念俄罗斯术语标准化工作开展50周年而写。文章对苏联术语整理和标准化工作的成果进行了总结，概括出四点：第一，创建了国家术语标准化体系，并已经开始运作，对术语和定义的标准研究、讨论、协调和批准程序进行了确定；第二，组建了经过整理和标准化的术语及其外语对应的信息查询库并已经开始运作，为国内外企业和国民经济各个组织在术语标准化领域提供服务；第三，奠定了术语标准化理论方法依据的基础；第四，国家术语标准化正在成为国际术语标准化的一个部分，逐渐同国际接轨。

俄罗斯在术语整理与标准化工作方面的成果，除了上面列举的众多学者的理论著述外，还应该包括他们所编纂的术语词典（单语及多语）、推荐术语集、术语和术语定义标准等。

举办术语整理与标准化会议，也是术语活动的重要内容。近些年来，几乎每年的春末夏初，在莫斯科都举办有关术语学热点问题的年会，这似乎已经成为一种传统。2003 年 6 月，举办了术语学国际会议。会议的题目便是"术语学与标准化：理论与实践的交互作用"，是由俄罗斯国家标准委员会、俄罗斯术语协会等单位联合主办的。会议共收到论文 60 篇。巴巴也夫（Папаев С. Т.）所作大会发言的论文题目是《俄罗斯联邦标准化术语、分类和规范化文件数据库发展和一体化的主要方向》（Основные направления развития и интеграции стандартизованной терминологии, классификации и баз данных нормативных документов в Российской Федерации），其中就包括对术语整理与标准化问题的探讨。

综观俄罗斯术语整理与标准化理论研究的历程，我们可以得出如下几条结论：第一，在俄罗斯，该项工作以及理论研究起步早，倍受术语工作者和语言学者的重视；第二，术语整理与标准化方面的成果十分丰富；第三，随着理论研究的深入，对一些问题的看法逐渐达成共识。如从最初认为术语应该严格具有单义性到允许存在多义术语，认识到术语的单义性应该是相对的，受词汇语义的空间和时间的限制；第四，对术语整理与术语标准化工作的分工日益明确；第五，术语整理与术语标准化工作中始终应用术语的一般理论，自洛特的第一篇关于整理术语的著述起，自始至终都在研究术语学的一些根本问题，如术语是否应该具有多义，术语的同义现象、同音异义现象等；第六，术语整理与标准化工作从更多的行政性因素逐渐向更加科学的轨道发展。

第 7 章

俄国术语学教学

俄国术语学派是世界上形成较早、较著名的学派之一，它产生于20 世纪 30 年代稍晚的时候。在俄国，除了在术语学理论研究方面有巨大成就外，其术语学课程的开设也在一定程度上形成系统，培养的人员范围很广，为术语学的理论研究培养了大批的人才和后备力量。俄罗斯十分重视术语学的教学，认为这是提高学科地位的最佳途径之一，关系着该学科可持续发展的大计。本章将扼要概述俄国在术语学教学方面的情况。

通常认为，一门课程教学大纲的制定和实施往往可以证明该知识领域某一学科业已形成。在苏维埃时期的 60 年代末 70 年代初，俄国开始了术语学原理教学的最早尝试。起初，尽管教学内容仅仅限于术语的语言学和逻辑学方面的问题，但不论是在理论方面，还是在实践方面，对术语和术语总汇都进行了极为详尽的研究。比如，康杰拉季（Канделаки Т. Л. ）是苏联科学院科技术语委员会（КНТТ）的研究人员，她曾经在莫斯科印刷学院（Московский полиграфический институт）开设术语学教程这门课，题目是“科技术语学原理”。在该教程中她提出了术语的语义和结构问题，探讨了整饬术语的任务。另一位学者科瓦利克（Ковалик И. И. ），编制了“斯拉夫语技术术语的逻辑学及语言学问题”授课计划，研究了概念的体系及其组成、术语体系、术语的存在方式、术语的词汇语义和结构模式等一系列问题，对术语和通用词进行了比较。哈尤今（Хаютин А. Д.）是国立萨玛甘纳沃伊[①]大学（Самаркандский государственный университет им. А. Навои）的一位学者，他出版了俄国苏维埃时期的第一部术语学教材。这部教材的内容包括术语、术语总汇和名称的概念、术语的语义和形式特征、术语总汇的系统性质以及术语在术语体系之外的使用等问题。他同时教授该课程，在该校首开术语学教学之先河。

1970～1974 年，列依奇克（Лейчик В. М.）给国立莫斯科罗蒙诺索夫大学（Московский государственный университет им. Ломоносова М. В.）语文系的本科生和研究生开设术语学专门课程，术语学原理开始作为一门独立的课程开设。在这门课程的教学大纲中，列依奇克阐述了术语及术语系统的形成、建构和使用的逻辑学、语义学、系统学、信息学和语言学等多个层面的理论问题。大纲也涉及了术语学的理论与实践及其各项活动，包括词典编纂、术语整顿、标准化和翻译等方面的内容。

这样，从上世纪中期开始，在俄国，许多教学机构都开始把术语学原理课程列入教学计划中，涉及术语学方面诸多理论与应用问题。这门课程确实为广大学者和工程技术人员所急需，课程的开设是有很大迫切性和重要的现实意义的。学员的范围很广，大致可以分为四类：第一类为语言工作者；第二类是术语理论工作者和实践人员；第三类为科研机构和出版行业的工作人员；第四类是国民经济专业人员和科学文化界人士。每一类学员在学习术语及术语学理论时均有侧重，切实考虑到实际工作的需要。

① 纳沃伊（1441～1501），为乌兹别克诗人、思想家和国务活动家。

7.1 对语言工作者的培训

对语言工作者来说，最重要的无疑是术语的语言学层面及确定术语在语言，尤其是专用语言的词汇体系中的地位。因此，术语的语义和结构模式等问题也被列入“语言学引论”和“普通语言学原理”等课程的教学大纲之中。除此之外，术语和术语总汇的语言学问题也是很多院校语文系开设的专门教程的主要内容。如莫斯科罗蒙诺索夫大学语文系的学者格里尼奥夫（Гринёв С. В.），制定了“术语学引论”课程的教学大纲，并教授这门课程。在该课程的教学大纲中，他确立了术语学在现代语言学中的地位以及同其他学科的关系，提出了术语学的研究对象，阐明了该课程的任务，指出了术语工作对科学和国民经济的现实意义，包括是对国民经济的各个部门，尤其是对自动化信息和管理系统的重要意义。教学大纲十分注意术语的特征、术语的构成方法和术语体系的构建。还有一门课程与前面这门课程类似，是在国立切尔诺维茨大学（Черновицкий государственный университет）罗马–日耳曼语文系开设的，授课人是该校教师基亚克（Кияк Т. Р.），制定的教学大纲也侧重术语学的语言学层面问题，课程的名称是“术语学的语言学基础”。此外，国立乌什格罗得大学（Ужгородский государственный университет）罗马–日耳曼语文系的茨特金娜（Циткина Ф. А.）也讲授了“比较术语学与科技翻译问题”的专门课程。课程的主要内容除了涉及术语学的普遍问题外，还包括俄语和英语，特别是数学逻辑次语言的术语语义结构和形式结构的各个方面，如术语的可译性问题、术语在人工智能系统、信息查询系统和双语术语库中的使用问题。

7.2 对工程技术人员的培训

俄罗斯特别重视对工程技术人员进行术语知识培训。在国家标准委员会所属的国家产品标准化、质量和计量系统领导及工程技术人员进修学院长期开设“标准化”课程。该课程制定了科技术语标准化的教学大纲，大纲扼要地向学员介绍术语学的基本原理和科技术语的标准化系统理论知识，尤其是当时苏联国内外术语工作的状况、术语标准的制定、验证和定义，课程的内容还包括如何在术语信息方面为标准化工作提供保障。

7.3 对科技信息机构人员的培训

科技信息机构工作人员也是术语学的教学对象。这部分人学习术语学的理论和应用问题，主要针对信息查询系统的创建和开发，包括信息工程自动化的各个方面，为他们开设的课程是“术语学教程”。该课程是基于皮奥特罗夫斯基[①]（Пиотровский Р. Г.）的理论著述、科技篇章的自动化处理和机器翻译的研究成果开设的。在教程中，对信息工程自动化问题进行了特别详细的探究。

国立格尔基洛巴切夫斯基[②]大学（Горьковский государственный университет им. Лобаческого Н. И.）的历史语文系设立了科技信息专

① 皮奥特罗夫斯基为俄国著名的术语学者。

② 洛巴切夫斯基（1792～1856）为俄国数学家，洛巴切夫斯基几何的创立者。

业，该专业开设“术语学原理”课程，由科布林（Кобрин Р. Ю.）任教。这是一个非常详细的教程，包括50课时的理论课和20课时的实践课。讲授的内容有：术语学这门学科的专题介绍；学科任务和历史；术语的语义、形式和起源的特征；从篇章中剥离术语的方法；对术语系统进行数学建模的方法；自然及人工符号系统中的术语；术语工作的实践等。

7.4 对出版行业人员的培训

出版行业人员通常专门学习术语学原理知识和术语制定的方法。为他们开设的课程有：“当代俄语的紧要问题：科学语言修辞学”“科学语言修辞学及学术著作的文采润色”等，使用的教材是赛恩科维奇撰写的《科学语言修辞学及学术著作的文采润色》（Сенкевич М. П. Стилистика научной речи и литературное редактирование научных произведений. 2 – е изд. М.，1981）一书。为科技文献翻译工作者开办了短训班或单独的讲座。短训班或讲座通常安排在一些研讨会上，由全国科技图书和文献中心与科技翻译委员会主办，讲授术语学的一般知识和术语翻译的实践指导。

近些年来，在一些理工科院校作为辅助课程也开始讲授相应领域的术语课程及专题讲座。有时专题讲座逐渐开成了术语学原理的系列课程，学员可以通过该课程的学习获得辅修专业。如在鄂木斯克工学院（Омский политехнический институт）的社会职业系开设“术语学原理”课程，本科生可以获得专业文献翻译的职业。在列宁格勒电力学院（Ленинградский электротехнический институт）外语教研室开设“术语的语言学特征”课程，该课程包括语言学和术语学的相关知识，阐述科技革命时代的科学与术语问题，涉及专业术语和一般科学词语的特征、术语构成的方式、术语的系统组织、术语在篇章中的作用。在一些理工科院校的外语教师进修系开设“外语词汇学及术语学”课程，该课程对教授国民经济各个领域专业人员的英语及其他语言均是大有裨益的。有一点也值得注意，在卫生系统所属的医学院校目前已经停止开设拉丁语课程，取而代之的是“拉丁语与术语学原理”课程。按照该课程的教学大纲已经出版了几部教材，如切尔尼亚夫斯基（Чернявский М. Н.）主编的《拉丁语和医学术语原理》（明斯克出版社，1980）和《拉丁语和制药学术语基础》（莫斯科，1884）等。

现阶段，俄罗斯的许多高校的不同专业都开设术语学这门课程。如国立莫斯科罗蒙诺索夫大学理论与应用语言学教研室的应用与数学语言学专业设立了术语学和术语词典学课程；国立特维尔大学（Тверской государственный университет）普通与经典语言学教研室为词典学方向的本科生也设立了术语学课程，使用的教材有格里尼奥夫撰写的《术语词典学引论》（Гринёв С. В. Введение в терминологическую лексикографию，莫斯科，1986）及列依奇克所写的《应用术语学及其方向》（Лейчик，В. М. Прикладное терминоведение и его направления，圣彼得堡，1996）。

从前面的概述中可以看出，俄国的术语学教学有着良好的传统。授课教师大多是术语学研究领域比较突出的代表，如康杰拉季（Канделаки Т. Л.）、列依奇克（Лейчик В. М.）、基亚克（Кияк Т. Р.）、格里尼奥夫（Гринёв С. В.）等，这些学者在术语学研究方面都很有名气，他们的著述颇丰。从事术语学的教学活动是他们科研工作的自然延伸。同时，俄国术语学的教学对象范围很广，学员对术语学理论与实践知识重要性有较充分的认识。这些因素都在很大程度上促成了术语学教学活动的顺利开展。

术语学教学是术语学研究领域人才培养的有效途径，是该领域学术研究可持续发展的重要举措。俄国在术语学教学方面探索出了一条成功之路。可喜的是，我国也将在术语学的教学方面采取重要的步骤。前不久，一些专家①和学者（如郑述谱等）已经在这方面发出了强有力的声音，希望在不远的将来，我国的科技术语教学与研究也会取得更加丰硕的成果。

---

① 2002 年第 4 期《科技术语研究》杂志发表了中国科技名词代表团访问欧洲术语机构的专题报道，文章最后提到了代表团对今后中国术语工作的六条建议，其中第一条就是："注意现代术语学理论与工作方法的教育与普及，努力谋求在大学设置系统的术语学课程，并探讨开办术语学远程教育的网络体系"。

中篇 02

俄汉科技术语词典编纂理论与实践

第 1 章

俄汉科技术语词典编纂与研究概述

1.1 俄汉科技术语词典编纂现状

任何一门学科的理论研究中都应该包括对该学科历史的探索。词典学作为一门已经得到普遍认可的独立学科自然也不例外，它的理论研究中理所当然不能缺少词典编纂史这一有机组成部分。作为本篇研究对象的俄汉双语科技词典是词典大家族中的重要一员，在中俄两国的科技交流中发挥着至关重要的作用，它是从事科技语篇翻译的俄译汉工作者必备的工具书之一。从该类型词典的出版情况来看，出版比较集中的时期主要有两个，分别为 20 世纪 50 ~60 年代和 20 世纪 80 年代至今。

从俄汉科技术语词典的数量上看，上个世纪的前五十年，我国出版的俄汉、汉俄词典加在一起也没有超过七部，且多为普通的语词词典，科技类俄汉双语词典几乎没有。20 世纪 50 年代以后，随着“俄语热”的逐渐升温，我国才陆续出版了几部供内部使用的专科词典，如由鞍钢黑色冶金设计公司编印的《实用工业字典》（俄中英对照，收冶金、机械、电机等方面的 2200 个词条），以及 1955 年由水利部专家工作室编写的供内部参考的《俄华水利工程词汇》等。以后又出版了诸如《俄汉数学名词》《俄汉物理学名词》《俄汉动物生态学名词》《俄汉种子植物学名词》等一些实际上是俄汉专业词汇对照汇编性质的小词典，由中科院编、科学出版社出版。50~60年代，各学科和各领域的专业出版社也纷纷出版俄汉专科词典，如《俄华简明测绘辞典》（地质出版社，1954）、《俄华电信词典》（人民邮电出版社，1955）、《俄汉兵工词典》（国防工业出版社，1956）、《俄汉冶金工业词典》（冶金工业出版社，1958）、《俄华林业辞典》（中国林业出版社，1959）、《俄华邮电经济词汇》（人民邮电出版社，1959）、《俄汉建筑工程词典》（建筑工程出版社，1959）、《俄华金融小辞典》（金融出版社，1959）等，还有《俄汉石油辞典》（石油工业出版社，1958）、《俄汉化学化工词汇》（化学工业出版社，1959）、《俄华铁路辞典》（人民铁道出版社，1959）等。此外，这一时期的俄汉专科词典还有《俄华经济技术辞典》（三联书店，1950）、《俄华生物学辞典》（群众书店，1954）、《俄华农业辞典》（中华书局股份有限公司，1954）、《俄华财经词汇》（五十年代出版社，1956）、《俄华两用字典（基本俄语与工程术语）》（上海科学技术出版社，1956）、《俄汉航空工程辞典》（国防工业出版社，1956）、《俄汉技术辞典》（群众出版社，1957）、《俄华土木工程辞典》（上海龙门出版社，1957）、《俄汉对照化学专业常用词汇编》（商务印书馆，1959）、《俄汉对照数学专业常用词汇编》（商务印书馆，1959）、《俄汉对照美术专业常用词汇编》（商务印书馆，1959）等。尤其是进入60年代，俄语类专科词典的出版经历了由少到多的阶段，有商务印书馆和科学出版社出版的《俄语最低限度词汇》（供工科院校编教材用）（商务印书馆，1960）、《俄汉对照生物专业常用词汇编（植物、植物生理部分）》（商务印书馆，1960）、《俄汉对照医学专业常用词汇编》（商务印书馆，1961）、《俄汉对照地理专业常用词汇编》（商务印书馆，1961）、《俄汉航空综合词典》（商务印书馆，1962）、《俄汉对照机械专业常用词汇编》（商务印书馆，1965）、《俄汉计算技术词汇》（科学出版社，1960）、《俄汉植物学词汇》（科学出版社，1960）、《俄汉动物学词汇》（科学出版社，1965）、《俄汉气象学词汇》（科学出版社，1965）等。还有其他出版社出版的《俄汉农业机械化电气化辞典》（农垦出版社，1960）、《俄华简明地球物理探矿辞典》（中国工业出版社，1962）、《俄汉冶金工业字典》（中国工业出版社，1963）、《俄汉机械工业字典》（中国工业出版社，1962）、《俄汉化学化工词汇》（中国工业出版，1963）、《俄汉石油辞典》（中国工业出版社，1963）、《俄汉建筑工程词典》（中国工业出版社，1964）、《俄汉无线电技术辞典》（国防工业出版社，1964）、《俄华简明地质词典（增订本）》（地质出版社，1965）、《俄汉汽车拖拉机词典》（人民交通出版社，1965）以及《俄汉土木建筑工程辞典》（上海科学技术出版社，1966）等。就在科技类双语专科词典一统天下的形势下，偶尔也有打破陈规、独树一帜的作品出版问世，例如，1960 年科学出版社出版的由苏联国家数理书籍出版社和中国科学院编译出版委员会名词室合作编写的《俄汉综合科技词汇》就是一部收录了十余个学科专业术语的综合性科技词典，这在我国词典编纂史上是一次新的尝试。

从 20 世纪 80 年代至今，我国俄汉科技术语词典的出版再一次呈现出繁荣景象，尤其是综合性科技词典的编纂成为一种新的趋势，相继出版了《俄汉科技词汇大全》（原子能出版社，1985）、《俄汉科学技术词典》（国防工业出版社，1986）、《新俄汉综合科技词汇》（科学出版社，1986）、《大俄汉科学技术词典》（辽宁科学技术出版社，1988）、《俄汉科技词典》（机械工业出版社，1988）、《俄汉科技大词典》（商务印书馆，1990）等收词在十万条以上的大型词典。其他中小型的有《简明俄汉科技词典》（电子工业出版社，1987）、《俄语科技通用词词典》（电子工业出版社，1988）、《俄汉科技小词典》（科学技术文献出版社，

1988)、《俄汉科技缩略语词典》(机械工业出版社, 1989)、《俄汉科技新词词典》(轻工业出版社, 1990)、《俄汉综合科技词典》(上海外语教育出版社, 1992)等。也有的词典是以某一专业领域的术语为主的综合性科技词典,如《俄汉石油炼制与石油化工词典》(华东师范大学出版社, 1984)、《俄汉机电工程词典(修订本)》(机械工业出版社, 1984)、《俄汉船舶科技词典》(国防工业出版社, 1988)、《俄汉化学化工与综合科技词典》(化学工业出版社, 1989)、《俄汉石油石化科技大词典》(中国石化出版社, 2007)等。这一时期也出版了一些专科词典,有《俄汉泵词汇》(中国农业机械出版社, 1981)、《俄汉地球物理词典》(地震出版社, 1982)、《俄汉经济词汇》(中国社会科学出版社, 1982)、《俄汉经济词典》(北京出版社, 1984)、《俄汉冶金工业词典(增订本)》(冶金工业出版社, 1983)、《俄汉无线电电子学词汇》(科学出版社, 1984)、《俄汉水声学词汇》(海洋出版社, 1985)、《俄汉纺织工业词汇》(纺织工业出版社, 1985)、《俄汉道路工程词典》(人民交通出版社, 1985)、《俄汉水利水电工程词典》(水利电力出版社, 1987)、《新俄汉数学词汇》(科学出版社, 1988)、《俄汉电子技术辞典》(电子工业出版社, 1988)、《俄汉计算机词汇》(科学出版社, 1990)、《俄汉化学化工缩略语词典》(化学工业出版社, 1991)、《俄汉港口航道工程词典》(人民交通出版社, 1991)、《简明俄汉电子学词典》(科学技术文献出版社, 1991)、《俄汉仪器仪表与自动化技术词典》(机械工业出版社, 1991)、《俄汉爆破工程词典》(中国地质大学出版社, 1992)、《俄汉林业科技辞典》(东北林业大学出版社, 1993)、《俄汉渔业科技词典》(中国科学技术出版社, 1993)、《俄汉海洋学词汇》(海洋出版社, 1993)、《新俄汉航空词典》(航空工业出版社, 1998)、《俄汉军事缩略语大词典》(军事谊文出版社, 2002)、《俄汉国防科技缩略语词典》(兵器工业出版社, 2004)、《俄汉航空航天航海科技大词典》（西北工业大学出版社、哈尔滨工程大学出版社，2006）、《俄汉军事大词典》（上海外语教育出版社，2007）等。

虽然我国在俄汉科技术语词典编纂领域已经取得了一定的成果并积累了一些基本经验，但是，综观我国现有的涉及俄、汉两种语言的科技术语词典，无论从数量和质量上说，还是从理论研究的深度与广度上讲，都同语文词典编纂相差甚远。除了一些俄汉单科科技词典外，常见的主要是一些综合性的俄汉科技词典，它们虽然收词范围很广，涉及的学科也较多，但仍然难以做到包罗万象、面面俱到，在实际工作中所遇到的很多问题还是难以解决。遇到专业性较强的术语就必须到单科词典中去查找，而名副其实的单科词典很难找到，这必然给从事科技语篇俄译汉工作的翻译工作者造成许多困扰。另一方面，从对该类型词典编纂的理论研究上看，研究不深，不够系统。根据《二十世纪中国辞书学论文索引》（上海辞书出版社，2003）提供的数据显示，其中收入的从20世纪50年代以来的词典学论文，涉及俄、汉两种语言的共有168篇，关于俄汉词典的有148篇，占总数的88%，其中涉及俄汉科技词典的论文只有7篇，约占4%，且多为评论性质的文章。而我国俄汉语词词典方面的研究现状要远比科技术语词典理论研究好，文章多，专著也已经问世。迄今为止，尚未有人对俄汉科技术语词典的编纂理论进行过深入系统的研究，这一状况可能与大多数人所持有的一种偏见有直接关系，因为人们常常认为，编纂科技术语词典根本不需要有任何理论，只要成为工程技术人员就足够了。正如Щерба Л. В. 院士在他那篇现代词典学的开山之作《词典学一般理论初探》一文中所说："虽然人类很早就开始编写各种类型的词典，然而，看来，到目前，还没有任何一般性的词典学理论……"，"有关技术词典的理论和有关其他词典的理论比较起来，情况也差不多，或许可能更差些。因为人们都认为编纂技术词典不需要什么理论，认为只要当了工程师就能解决编纂技术词典的各种问题。”（谢尔巴，1981：42）也许正是由于这种偏见的长期束缚，导致词典编纂中经常出现的理论滞后于实践的情况在科技术语词典编纂领域表现得尤其明显，编纂出来的词典问题很多，质量不高。

1.2 词典评论

理论词典学是词典学理论构架的基础，与词典编纂实践共同构成词典学整体。现如今，理论词典学已经成为当代词典学研究的主要内容，只是不同学科的学者之间在关于理论词典学的研究对象或研究领域的问题上还存在意见分歧。目前国内外存在的比较普遍的一种看法是认为理论词典学的研究范围至少应该包括以下四个不同的方面，即词典类型学、词典编纂史、词典使用和词典批评等。无论国内外学者之间存在怎样的分歧，有一个事实是必须承认的，那就是大多数人并不否认词典批评（也有人称为词典评论或辞书评论）是词典学理论研究的一个重要方面。

有人曾对我国辞书评论发展不够平稳的现象作过如下“几多几少”的高度概括：即对汉语辞书评论得较多，对少数民族语言辞书和外语辞书评得较少；对语言类和综合类辞书评得较多，对其他专科类辞书评得较少；对大、中型辞书评得较多，对小型辞书评得较少等。（高兴，1997：10）这种现象无疑会影响辞书评论发展的整体性和全面性，也许现在已经多少有所改善，但并未得到根本扭转。有关本篇主要论述对象——俄汉双语科技词典的评论文章更是凤毛麟角、寥寥无几，可以读得到的有《评〈俄汉科技词汇大全〉》（王毅成，1997）、《双语科技词典词目宜标重音》（黄忠廉，1997）以及《一部比较好的综合性双语词典——评〈大俄汉科学技术词典〉》（刘相国，1990）等零星散见于

《辞书研究》和《外语与外语教学》等杂志的文章。

对俄汉科技术语词典进行评论主要是就已出版的词典的各个参数加以评论，包括词典的宏观结构和微观结构的方方面面，以期为将来编纂该类型以及相关类型的词典提供理论参考与实践经验。

毋庸讳言，以往我国编写俄汉双语科技词典通常以俄语单语科技词典为蓝本。因此，作为蓝本词典的俄语单语科技词典中的某些问题转移到俄汉双语科技词典中也就不足为怪了。俄罗斯从事术语词典学研究的著名学者 Гринёв С. В. 在其理论专著《术语词典学引论》（1995：10 ~ 11）一书中非常详细地概括了术语词典编纂中经常出现的一些典型问题，这些问题包括：对术语词典类型划分不清；缺少公认的评价标准；没有统一的收词原则，术语的选择常常带有主观随意性和偶然性，导致一些重要的术语没有被收入词典，反而收入了大量不必要的语言材料和单位，徒增词典篇幅；词典编者各行其是，编纂词典时缺乏统一的原则；试图使一本词典兼有几种功能，致使词典使用起来极不方便；同一类型的术语词典在结构和内容上不统一；按字母顺序排列词汇的原则不利于展现概念之间的联系，也不适用于按语义特征检索需要的词，因为按字母顺序就是“有组织的混乱”；在对词典中的术语进行选择、分析及描写时缺乏系统性；词条内信息的组织以及标注和参引的选择缺乏一致性；许多术语词典对术语意义的定义或释义还不能令人满意；对同义术语、多义术语及同音异义术语的处理缺乏统一的原则；提供术语的词法和构词特征的方法还存在不足；词典提供词组型术语的方式还有待进一步探索……Гринёв С. В. 所指出的这些问题在我国的俄汉科技词典中几乎都能找到。解决这些问题的主要办法之一是加强对该类型词典编纂理论的研究。

第2章

俄汉科技术语词典的类型界定

2.1 划分词典类型的意义

词典因其编纂目的及任务的不同而呈现出多种多样的特点，也因为所属类别的不同而执行各种各样的功能。俄国词典学家 Морковкин В. В. 曾把各种题材不同的词典的总和称作词典体系，大概这种体系的建立需要以对词典进行科学合理的分类为基础。词典的类型划分从来都是词典学理论研究的重要内容，该问题是词典编纂理论研究和实际工作的中心问题之一。对各类词典进行分析和归类的研究被称为词典类型学，这门学科的研究涉及词典的种类和词典分类的标准。

词典种类很多，给词典分类的办法也很多。从苏联词典学家 Щерба Л. В. 把词典划分为六个对立面开始，国内外的不少词典理论家，如捷克学者 Ladislav Zgusta、美国词典学家 Malkier 和 Landau、法国词典学家 Quemada、俄罗斯著名学者 Морковкин В. В. 和 Лейчик В. М.，以及我国学者黄建华、张后尘等都在这一领域进行了富有创造性的研究，作出了很大的贡献，其中有的人还专门研究过双语词典和术语词典的分类问题，但是，长期以来仍然还有不少词典理论家和词典编者对词典类型问题没有给予足够的重视。有的词典编者编完了词典还弄不清楚自己编的词典属于何种类型。对词典类型学的忽视必然影响对双语词典甚至俄汉科技术语词典编纂理论的研究。可以说，弄清词典类型问题是解决词典编纂中出现的一切理论与实践问题的出发点，这不仅有助于确立各类双语词典的编写原则，还有利于避免双语词典的门类混淆，从而推动双语词典编纂向着系列化的方向发展。因此，研究俄汉科技术语词典的编纂理论首先就应该从词典类型问题入手。廓清词典类型问题有助于词典编纂的理论与实践研究。

2.2　划分词典类型的依据

词典不仅种类繁多，关于词典类型划分的依据和标准也是众说纷纭、莫衷一是。但是，无论怎样划分，都无法用唯一的尺度对词典作出"一刀切"式的分门别类的处理。因为我们既然已经承认词典是一种体系，那么就该明白给词典分类的标准也应该是一个多层次、多角度并存的体系。

多年以来，国内外的许多著名学者和词典家都曾经尝试过以自己的方式为词典建立一个相对完整的谱系，之所以说它相对完整，是因为词典家族本身就是一个开放的体系，随着词典编纂的发展与创新，随时都可能有新的成员、新的类别加入进来。所以，我们对词典类型的研究不能只限于对现有词典的静态描写，而是要侧重于对未来词典发展趋势的动态观察。本论文要研究的是俄汉科技术语词典的编纂理论与实践问题，所以我们将重点关注双语科技词典的分类问题。

俄罗斯学者 Марчук Ю. Н. 在谈及词典的类型时提出了以下三个依据：词典的目的和任务；词典涉及的内容或该词典所描写的次语言；词

典用户的范围。他认为这三个方面可以算作是给词典进行分类的基础。另一位学者 Денисов П. Н. 还认为，词典的类型划分可以建立在信息编码和解码过程的积极与消极方面的对立之上。（Марчук，1992：11～12）当然，除此之外还可以采用其他原则来建立词典的分类体系。比如，Дубичинский В. В. 在其专著《理论与实践词典学》（1998：42）中就列举了 Лейчик В. М. 和 Комаров З. И. 两人的术语词典分类方法和标准，包括依据词典的各种区分性特征，比如词典的左项内容和右项内容、整理词表的方法、词典的目的任务、涉及的语言数量和所收词汇的年代界限等，也可根据词典中术语的编排方式、涉及的主题范围等标准划分词典类型。由于俄罗斯的词典学理论研究起步较早，一批批杰出的词典学家在该领域辛勤耕耘，从而形成了不同于欧美的独特的词典学传统。俄罗斯学者的很多词典学观点都值得我国词典学界深入研究。在研究俄汉双语科技词典的类型问题时我们完全可以参考他们的一些研究成果，并力求在继承的基础上能有所发展和创新。

随着词典学这门独立学科在我国的确立和发展，国内学者也越来越关注词典类型问题，很多人都纷纷提出自己的观点，各抒己见。张后尘对双语词典谱系的设想把双语词典分成了四个大类：专名词典、教学词典、语文词典及科技词典，他又继续把科技词典分为专业型和综合型的两类，其中专业型词典包括五种：专业外来语词典、专业缩略语词典、专业新词汇、专业常用词汇和专业词典；而综合型词典包括六类：科技通用词词典、科技新词词典、科技缩略语词典、科技外来语词典、科技惯用语词典及综合科技词典。（张后尘，1987：24～25）这里的综合科技词典与黄建华所说的混合型词典有某些相似之处。黄建华根据原语的选材角度及词典规模将双语词典划分为语文型、混合型和百科型，在混合型中又进一步划分出有限词典、中间类型及详尽词典。（黄建华、陈楚祥，1997：25）其中，中间类型是指介于语文词典和百科词典之间的一种类型，这类词典可以举《俄汉科学技术词典》（国防工业出版社，1986）为例。这部词典所收词目共145000余条，在相应的词目内还选收了组合的科技术语72000余条，吸收常用词汇和词组数量极大，仅常用词组就达2300条。据该词典的前言材料介绍，“这部词典收集了俄文所有的基本词汇、常用普通词汇，以及在科技书刊中可能见到的政治、经济、生活词汇。编写时特别注意了常用动词、前置词的用法和接格搭配关系，并附有一定的短语和例句。词目上注有重音。名词、代词、形容词、动词等注有变格、变位。因此科技工作者也可以把本词典当作普通俄汉词典使用”。这种中间类型的词典有其自身的特点，就语词条目看，它既符合语文词典的基本特征，又包含科技词典对它的特殊要求。

除中间类型外，“有限”和“详尽”是就词典规模而言的。张后尘认为，所谓“详尽”是“有限”的扩充，详尽的混合型双语词典可以存在两个类型：一是选择性的，一是综合性的。（张后尘，1995：153～155）目前收词最多的《大俄汉科学技术词典》（王乃文主编，1988）以及前面分析过的《俄汉科学技术词典》等就属于综合性的词典。至于选择性的混合型双语词典，我们可以举《俄汉化学化工与综合科技词典》（化学工业出版社，1989）为例。这部词典无论宏观还是微观，均与《俄汉科学技术词典》类似，所不同的是它突出倾向于化学化工这个专业范围，也就是说，在化学化工这个专业领域内，这部词典应该是收词比较全的，相比之下，其他学科的专业词汇应该是以常见词为主。这部混合型双语词典收词约15万条，收词范围除化学化工外，还包括其他20余个学科专业，在收入专业术语及常用科技缩略语的同时，还包含大量的基础词汇和固定词组等，并对每个单词的语法特点、支配关系、搭配范围等作了适当的标注和说明，还把一些科技文献中常见的变了格的名词、变了位的动词、形动词及副动词等立为条目，并注出它们的原形。这样一来，该词典就具备了语文词典的基本特征，但它又不同于语文词典。我们不妨大胆猜想，该词典的编者可能试图使这本词典集语文词典、综合科技词典和化学化工专业词典的功能于一身，用一本取代三本词典，以减轻读者的经济负担和减少查找生词的麻烦。我们承认编纂这类词典的初衷是好的，但是，选择性的混合型双语词典在选词上应有一个尺度或原则，要紧扣编纂宗旨。仍以这部词典为例，如果脱离化学化工这个前提，就很容易造成收词过宽过滥，甚至混乱，从而使词典丧失其应有的特性。

在黄建华所说的三类双语词典中，与本文关系最密切并且最应该特别强调的就是混合型词典，所谓的“混合”显然是指专业词汇和一般常用词汇的“混合”。目前，我国词典学界在对待这种混合型双语词典的态度上尚未达成共识，在很多问题上都存有争议，有人对这种赋予一部词典以多种功能的做法表示肯定，也有人表示担忧。但是，无论存在多少种观点和意见，有一个事实是我们必须面对的，那就是混合型双语词典的存在是一个不容否认的客观现实，因此，在研究词典类型问题时不能只顾从纯理论角度提出一些不切实际的设想，而忽视已有的词典类型。当然，我们应该看到，有些词典编出来以后的实际类型常常与预期的理论设想有一定差距，有时按照既定的模式来考察一部词典时，往往很难准确判断它属于哪种类型。这是因为很多时候编者过多考虑读者的多方面实际需要，所以就完全忽略或很少考虑自己所编的词典应该严格符合哪个理论上的模式。在这种情况下，出现某种跨类型的或者兼有其他类型某些特点的词典而造成类别混淆不清的现象，是可以理解的。为此，王毅成有过一段客观公正的论述，他说：“只要编出来的词典能够达到最初的设计要求，不是粗制滥造，而且适应一部分读者的需要，特别是专业人员学习外语的需要，那还是应该给予肯定的。”（王毅成，2000：84）但是，任何人都不应该把这种说法作为词典类型划分不清的借口，当前还是不宜把不同类型、不同性质、不同功能的词典任意揉和在一起，而应该努力把单一功能的双语科技词典的编纂出版确立为今后发展的主要方向。

词典类型的划分是一件十分复杂的事情，其界限有时很难确定，所以词典类型交叉现象的发生在某些情况下也是在所难免的。解决这一问题我们还需寄希望于词典学理论的进一步发展，因此，作为词典学理论研究的一个重要方面，词典类型学研究与探索可谓是任重而道远。

第3章

俄汉科技术语词典的宏观结构

词典的结构是指对所选择的组成部分，包括词典主要部分和辅助部分进行安排，确定所提供的描写单位，并对其进行排列、揭示内涵以及对词条的体例给予规定，以此帮助编者根据自己的意图组织他所选择的各项信息。大多数研究者倾向在词典中区分出宏观篇章，即把一部词典看作是统一的整体，以及微观篇章，也就是单个的词条。与此相适应，可以区分出词典的宏观结构和微观结构。词典的宏观结构通常是指词典中按一定方式编排的词目总体，因此也可以称为总体结构。微观结构是指条目中经过系统安排的全部信息，因而也可以称作词条结构。术语词典作为词典的一个特殊类别，在结构上与普通词典可以说是大同小异，因此在研究俄汉科技术语词典的结构时，我们也主要从宏观结构和微观结构两个方面分别加以研究。俄汉科技术语词典的宏观结构可以包括词典编纂宗旨、词典的体例和标注、词典的收词与立目、词典的前页材料和后页材料、词典的版式与装帧等多项内容。

3.1 词典编纂宗旨

做任何事情都需要有预先确定的目标，编写词典也不例外。词典绝不是随便什么人想编就编、想怎么编就怎么编的，它也需要有既定的目标与宗旨，按照预先的总体设计并遵循一定的原则，循序渐进、逐步完成。

通常情况下，词典的编纂宗旨体现于词典的前言中，也经常以某种形式反映在词典的结构上。有时候编者的编纂宗旨能够间接地反映出某学科或生产技术领域的发展水平，反映专业词汇相应领域的发展水平，也能反映出作者获取的知识及其本人所归属的学派，还能反映出编者个人的经验与见解等。如同词典编纂的整个过程一样，词典的编纂宗旨也是分阶段实现的，并且它的实现要求连续解决一系列旨在确定未来词典主要特征的词典学问题。这些问题包括词典的收词范围、术语词典的用途和功能、用于描写术语的语言数量、词典的篇幅以及所针对的读者群等。

首先，明确术语词典的收词范围有利于为收词立目提供一定的界限与依据，避免收词上的混乱。目前已出版的大部分科技词典都在前言中明确指出了这一点，如《大俄汉科学技术词典》的编者就在前言中指出："本词典是一部大型综合性的科学技术词典。收词范围包括：物理、数学、化学、化工、机械、冶金、电力、电子、电工、无线电、激光、自动化、仪表、计算技术、水利、建筑、地质、矿物、航空、航天、航海、铁道、军事技术、印刷、医学、药物、农业、生物、动物、植物、天文、气象、测绘、摄影、经济等。"有些词典的名称就能反映它的收词倾向性，如从《俄汉化学化工与综合科技词典》的名称就能看出该词典"是一本以化学化工专业为主的综合性科技词典"，收词范围除化学化工外，还包括其他20余个专业的词汇。还有的词典收入的是专业词汇的某个词层，如《俄语科技通用词词典》和《俄汉科技新词词典》，前者收入了多专业通用的词汇，后者则收录了"60年代以来苏联科学技术众多学科的科技新词、赋予新义的旧词及常用缩略词。"

可见，指明词典的收词范围对于我们正确选择所需要的词典帮助很大，既可以缩短查找词汇的时间，也可以避免购买不适合自己使用的词典时经济上的浪费。

其次，词典的用途和功能也是术语词典编纂宗旨的一个重要方面。术语词典的用途是由它的使用特点决定的，以此为根据可以区分出术语词典的四个基本类型——翻译词典、教学词典、查考型词典（首先是详解词典）和信息词典。其中详解术语词典是查考型词典的一个重要类型，它在专业词典中占据着中心位置，因为这类词典最完整地提供关于术语的各种信息，对术语进行语义和修辞描写，它可以成为编纂其他类型词典的基础。如果说词典的用途决定于它的使用特点，那么术语词典的功能则在很大程度上取决于所选词层的特点，首先是相应术语领域的发达程度。一般来讲，术语词典可以有两种主要功能，即清点功能和规范功能。术语清点是术语整理和规范的第一个阶段，也是前提和准备阶段。以规范为目的的词典应该只收标准术语，而以清点为目的的词典则可以考虑适当收入一些推荐术语，即推荐使用但尚未被确立为标准的术语。以往我国编写的科技词典其用途和功能不清晰的现象时有发生，试图使一本词典兼有多种功能反而容易影响对该词典的有效使用。比如说，对于翻译词典来说只需要提供术语的译语对应词就足够了，并不需要过多的信息，如果在翻译词典中加上定义、词源、修辞、插图等信息，反而会使词典使用起来极不方便，结果会事倍功半。因此，术语词典的用途与功能同样是每一位词典编者不能轻视的重要问题，这一问题应该在词典编写之前就得到有效的解决。

再次，词典涉及的语言数量也是考察词典宗旨的一个参数，这主要指所编的词典是单语的、双语的，还是多语的，这方面的特征大多在词典的名称中有所体现，如《俄汉科技小词典》《俄汉综合科技词汇》等就属于俄汉双语词典，但是偶尔也有一些例外情况，如果仅凭《俄语科技通用词词典》的名称很容易让人误以为这是一本俄语单语词典，实际上它是一本俄汉双语科技词典。所以说，确定语言的数量及语种也是为了方便词典用户正确地选择和使用词典。

另外，确定词典的篇幅也是实现词典编纂宗旨的步骤之一。在理论词典学中通常根据篇幅把词典划分成大型、中型、小型和微型，收词10万以上的为大型，10万以下4万以上的为中型，4万以下1万以上的为小型，而1万以下的为微型。王乃文在《谈大型综合性外汉科技词典的编纂》(1989) 一文中对大型词典作了更加明确具体的界定："所谓大型词典，就是指收编的词汇数量多，主要是收词的数量一般在11万条以上，所用文字一般不少于600万字；16开本，在1800页以上。"如《大俄汉科学技术词典》的词目为156000余条，5990000字，16开本，1906页，基本符合以上大型词典的标准。影响术语词典篇幅的因素包括词典的收词范围、目的与功能等。综合技术词典一般篇幅较大，而收词具有年代等限制的词典，如科技新词词典等一般篇幅较小。我们这里所说的篇幅指的是词典的收词总量。现有的俄汉科技词典都在前言中指出了所收专业术语的具体数量，如《大俄汉科学技术词典》前言中写道："本词典……共收科技词语356000余条，其中词目156000余条，词组200000余条。"类似这样的话并不是可有可无的，因为词典编纂是一项复杂的系统工程，多种因素、多个环节之间需要紧密配合，缺一不可。因此，词典篇幅不仅受其他因素的制约，反过来也对词典的其他方面产生影响。

最后，我们来谈谈词典用户的范围问题，也就是词典所面向的读者群。由于词典既是文化产品，又是一种商品，因此任何人都可以购买和使用任何一本词典，但这并不等于词典编者就可以不用考虑词典服务对象的范围，因为任何一种商品都相应具有自己适用的人群，词典也要面向一定的读者群，幻想一本词典能够适合所有的人使用就如同希望一种药能包治百病一样缺乏现实根据。因此，在编写一部词典之前首先确定该词典要服务的对象才是明智之举。事实上也很少见到有哪部词典敢夸口说自己“老少皆宜”，适合所有人使用。一般情况下，我们常见的俄汉科技词典都已在前言中明确了自己的用户范围，如《新俄汉综合科技词汇》指出：“本书可供科学技术人员，科技情报、翻译人员以及高等理工科院校师生使用。”又如《俄汉科技大词典》称自己“供广大科技工作者、翻译工作者和有关大专院校师生使用”。还有《俄汉综合科技词典》也表明自己“供俄语科技翻译工作者使用”。由此可见，所有俄汉双语科技词典的用户范围都大同小异，无非是供从事科研、翻译、教学或学习的人员使用，成为人们工作或学习上的好帮手。

3.2 词典的体例和标注

任何一部词典都是一个相对完整的体系，其内部构成要遵循严密的规律性。因此，词典编纂必须拟订一个科学的编纂体例，把整个词典的编纂格式统帅起来，保证所编词典的科学性、知识性和实用性。一直以来，国内词典学界都比较关注体例对于词典编纂的重要意义。有人说“这种在事先规定好的统一的编写格式，就叫作词典的体例。它的根本目的是要保证一部词典无论在内容上或形式上都能够和谐一致，真正成为一个整体”。（胡明扬等，1982：172）也有学者认为“体例不仅是对词典外部格式的规定，而且是对词典内部构架的设计；体例也是一种技术操作规程；体例还是词典编者自行设计的、在特定条件下向读者传递信息用的一种特殊语言”。（郑述谱，2001：3）词典的结构可以从宏观和微观两个方面加以研究，词典的外部格式也可以分成宏观与微观两种。前者是指全书的总貌，也就是从前言到附录的各个组成部分，后者是指一个词条内部的局部面貌，如关于条目、释义、例证的种种规定等。显然，不同词典的宏观面貌同大于异，而微观面貌异大于同。我们在研究俄汉科技术语词典的体例问题时将着重研究它的微观面貌，即词条内部的局部面貌。

一般说来，体例的复杂程度与词典的篇幅成正比。大型词典提供的信息项多，体例也更复杂。据此可以说，大型综合性俄汉科技词典的编纂体例中，每个词条至少要有：语音信息、语法信息、专业标注、释义、例证等，如果有条件，可以附上插图。综观现有的该类型词典，它们的词目一般均按俄文字母表的顺序排列，并且词目均采用黑体字印刷，这样做是为了使条目词明显醒目、便于查找，只是有的词典词目用大写字母书写，而有的则用小写字母书写。词目下收入的例证中涉及条目词时一般用波浪线“~”代替，有的相关条目需要相互参见时通常采用等号“=”的办法处理。语法标注和专业标注所使用的符号各个词典的做法不尽相同，有的词典使用尖括号“〈〉”，有的使用方括号“[ ]”或黑体方括号“【 】”等。至于说到释义则更是五花八门，有的词典采用数字序号“(1)、(2)、(3)…”或“①、②、③…”等形式来划分义项，将同一词目的几种不同意义分开，也有使用逗号“，”和分号“；”的，一般意义相近的词义间用逗号隔开，而意义较远或没有什么联系的词义间用分号隔开。通常情况下，有关体例的具体说明在词典的前言，主要是在凡例或使用说明中有所解释。然而，有时候我们仍然能发现词典在体例方面还存在某些问题，不仅是同一类型的词典之间体例没有达到统一，就是同一词典内部有时也是顾此失彼，不能始终前后一致，这就应该引起人们的高度重视。解决这一问题就需要遵循从众、趋同和从简的原则，也就是要尽量采用那些已经约定俗成的惯例，并且不要把体例弄得过于复杂，以免产生反面效应，适得其反，最重要的是还要严格遵守国家有关部门在辞书体例标准化方面已经制定的一些规定，以保证词典体例的科学性和实用性。

此外，一部词典想要更好地完成释疑解惑的任务，还必须借助各种标注使词典提供的信息更加全面和具体化。对于俄汉科技术语词典来讲，所收术语的专业标注是很重要的，因为指明术语所应用的学科领域同样可以加深读者对词义的理解，特别是大型综合性的科技词典，一般都收录几十个学科的术语，如果不加专业标注，有时很难判断某个术语所属的专业领域，这会给读者使用术语造成不少困扰。其次，语法标注也是不能忽视的，因为不加语法标注很可能导致词语使用上的错误，如某些词后面标注〔复〕、〔中，不变〕等，如果不知道这些信息很可能把不该变化的词给变了格，或者把原本是复数的词当作单数用。关于动词体的标注也是必不可少的，因为动词不同的体具有不同的意义和用法，而有些动词单凭形式特征很难断定它的体，更有兼体动词这样的特殊情况，词典如果缺少这些信息，也难免会给使用者带来许多困惑。另外，对于科技术语词典来说，有时也要给某些术语加上修辞标注，如〈转〉表示转义，〈方〉代表方言，〈俗〉是指俗语，〈旧〉表示旧时用语及〈口语〉等指出术语使用的语体情况。这些标注是为了对词语的使用特征、使用的时间及地域限制或语体等情况进行说明，这样做既有利于区分同义和近义术语，也能起到补充释义的作用。可以说，词典标注的种类和质量经常能体现一部词典微观结构的编纂特色，因此也可以作为评价词典编纂质量的一条重要标准。从某种意义上说，建立一套科学完善的标注体系是每一部词典的编者都应该努力追求的目标，也是必须达到的结果。

3.3　词典的收词与立目

收词和立目是编纂任何一部词典之前必须考虑的首要问题之一。词典篇幅的大小在很大程度上取决于词典的收词。词目词以何种形式出现则是立目的问题。

3.3.1　收词

双语词典的词目是纳入词典作为解释对象的源语言语言单位（词、词组等）的总和，它是决定词典篇幅的重要因素之一。张后尘认为“一部词典收词的多寡受词典的性质、规模、读者对象的制约，而且要服从于词汇的相关性原则，使之成为完善的、科学的整体”。（1994：3）词典词目的质量在很大程度上决定着整部词典的质量。因此，词典的收词与立目问题是摆在词典编者面前的两个十分重要的问题。毫无疑问，俄汉科技术语词典的收词对象主要是相关学科领域的技术术语或术语词组，而收词范围是由词典的宗旨及其预期读者的要求来决定的。值得注意的是，以往我国编写的俄汉科技词典在收词上存在的问题比较严重，这些问题如果得不到有效解决就会阻碍词典质量的提高，从而影响词典的使用效果。下面我们举例说明该类型词典在收词方面存在的某些典型问题。

俄汉科技术语词典在收词方面存在的最明显的问题是没有统一的收词原则，词汇的选择常常带有很大的主观随意性和偶然性，导致一些重要的术语没有被收入词典，反而收入了大量不必要的语言材料和单位，造成词典宝贵篇幅的巨大浪费。这一现象主要体现在我国现有的俄汉科技词典都不同程度地收入了很多明显不该收的普通词汇。下面几部规模较大的俄汉科技词典中就收入了一些与科技词典内容和宗旨无关的普通词汇：

《俄汉机电工程词典（修订本）》：абреже［简述，摘要，摘录］；будни［平日，工作日，非假日］；ведомство［主管机关，部门］；гибель［沉没，遇难，倾覆，灭亡］；госпиталь［医院，病院］；день［天，日］；дискуссия［讨论；辩论，争论］；доклад［报告，报告书］；евангелие［（某学说的）基本作品，最重要的书；经书］；идиом［成语，习语］和 идиома［习语，成语］；экскурсия［参观，旅行］等。

《大俄汉科学技术词典》：вуз［高等学校］及其形容词 вузовский；житель［住民，居民］；кадры［干部］；кавычки［引号］；мачеха［后母，继母］；общеизвестный［人所共知的，大家都知道的］；оптимизм［乐观主义］；пафос［兴奋，激动］；подарок［赠品，礼品，礼物］；реферат［文摘，摘要，简介］；труд［劳动，工作，著作，困难］；туалет［化妆室，厕所（公共场所，如电影院等地的），服装（多指妇女的），梳妆，梳妆台］；учёба［学习］；хвала［称赞，赞美，赞扬，称颂］；хвостизм［尾巴主义］等。

《俄汉科学技术词典》的情况可能更严重一些，仅 59 页左边一栏就收入了以下一些普通语词：афиша［广告，海报，戏报］及其动词 афишировать 和形容词 афишный；афоризм［格言，箴言，警句］及其形容词 афористический；афористичность［格言式，箴言式，警句式］及其形容词 афористичный；афронт［碰钉子，丢脸，失败］；аффект［激动（情绪），急躁（情绪）］；аффектация［假装，做作，装模作样，装腔作势］；аффективный［激动的，激情的，情绪激昂的］；аффектированный［假装的，做作的，不自然的，装模作样的，装腔作势的］；аффектировать［假装，做作，装模作样；装作……装模作样地做……]；аффидевит［宣誓书］；ахинея［胡说，瞎说，荒谬，妄诞］等。

试图使一本词典兼有几种功能，特别是兼有语文词典的功能而毫不加以限制地收入大量普通语词的做法不仅徒增词典篇幅，而且也会使词典使用起来极不方便。

俄汉科技术语词典在收词上存在的另一个值得注意的问题是成对或成套的词目未能对应收全，而是"只见树木，不见森林"，这也是在对词典中的术语进行选择、分析及描写时缺乏系统性的一个表现。仍以前面三部词典为例：

《俄汉机电工程词典（修订本）》收入了 загустение［稠化，变浓］、закаливание［淬火；硬化］、законтривание［拧紧，锁紧］等动名词及其相应的动词 загустеть、закаливать、законтривать，但是所收动名词 завершение［完成，做完，作成，结束；完工］、завоз［运送，运到，运来］、задержание［阻滞；拖延；扣留；制止；停留；耽搁］等的相应动词 завершить、завозить、задержать 却未见出现；收入了形容词 левосторонний［左面的，左边的］及与之相对应的 правосторонний［右面的，右边的］，但是，有复合词第一部 лево－［表示"左"，"左旋"，"在左方"，"向左方"之意］却没有复合词第一部 право－［表示"右"，"右旋"，"在右方"，"向右方"之意］，有形容词 леворукий［左手的］却没有 праворукий［右手的］。

《大俄汉科学技术词典》所收基数词 1～10 没有 шесть［六］，11～19 没有 тринадцать［十三］和 восемнадцать［十八］，20～90 没有 шестьдесят［六十］、восемьдесят［八十］和 девяносто［九十］，100～1000 没有 двести［二百］、шестьсот［六百］、восемьсот［八百］和 девятьсот［九百］；顺序数词第一到第十没有 третий［第三］、седьмой［第七］、восьмой［第八］、девятый［第九］和 десятый［第

十]；收入的一年十二个月份的名词中缺少 январь［一月］和 март［三月］，而十二个月的形容词却只收了 февральный［二月的］、июньский［六月的］、июльский［七月的］和 сентябрьский［九月的］，况且二月的形容词也不是 февральный，而是 февральский，该词典中只收入了这个错误的形容词 февральный，而真正正确的 февральский 却根本找不到。

《俄汉科学技术词典》所收星期一到星期日的名词和形容词中唯独缺少 среда［星期三］的形容词；该词典收入了一些表人名词及其相应的表示女性的名词，如：созыватель［召集者；邀请者］—созывательница［女召集者；女邀请者］、соименник［同名者，同名字者］—соименница［女同名者］、солист［独唱者，独奏者；单飞者］—солистка［女独唱者，女独奏者］、стегальщик［绗工，绗缝工］—стегальщица［女绗工，女绗缝工］等，但是收入了 соорудитель［建造者，建筑者；安装者；建立者］、словарник［词典编写者，字典编写者］、сигналист［信号员，信号手，信号兵；司号员，号兵］、стекловыдувальщик［吹玻璃工］等词，而与之相应的表示女性的名词 соорудительница、словарница、сигналистка、стекловыдувальщица 却没有收入。

我们且不说以上这些词该不该收入这种类型的词典中，既然已经收了，就应该把它们收全，否则不仅影响词典质量，还会失去词典用户的信任。

当然，俄汉科技术语词典在收词上还存在许多其他方面的问题，如还应该处理好所收各科术语之间的比例问题等。为了要解决好科技词典的收词问题，我们可以参照林飘凉提出的“科技专科辞典选词十要”，即完备性、系统性、规范性、科学性、新颖性、稳定性、统一性、单词（语）性、平衡性和互见性等。（林飘凉，2000：88～94）这“十要”

概括得比较全面准确，倘若真能做到，或许俄汉科技词典的收词质量就会明显提高。此外，立足于术语本身才是解决问题的根本，需要考察所收术语是否规范，是否为经过专门机构认证或学科专家普遍使用的标准术语或推荐使用的术语等。解决术语词典收词问题的主要办法之一是加强对专业术语的清点和整理。术语清点与整理问题不是三言两语就能说清楚的，它需要进行一系列的相关研究，由于本章的篇幅所限，无法面面俱到。

3.3.2　立目

词典的立目是与收词紧密相关的一个重要问题。词典所要描写的术语确定以后，应该如何安排和处理这些术语，又该将哪些术语列为主条，哪些列为副条并利用参见体系与主条建立相互联系，这些都是在词典编写之前就应当确定的总体原则，也就是要确定词典的立目原则。任何一部词典词目的确立都应有一个统一的标准，且不可随意而为。

由于俄汉双语科技词典的原语是俄语，目的语是汉语，因此立作词目的只能是俄语中的词汇单位。通常情况下，这类词典中收入的名词性术语占绝对多数，同时也兼收一些形容词、动词等其他词类的词汇或派生能力较强的构词词素。名词一般以单数第一格形式立目，如果某名词性术语只有复数形式或常用复数形式，则以复数形式立目，并指出其罕用或不用的单数形式，单数形式偶尔出现者立为副条；形容词通常以阳性第一格词尾形式立目，如果形容词的阴性、中性或复数形式作名词用，这种情况下则应以相应的词尾形式立目，并在后面加上适当的标注；有的词典将形容词与名词构成的词组单独立目，有的则作为例证收入相应的词条中；如果条目是派生能力较强的构词词素，则应该指出它是复合词的第一部分还是第二部分；对应体动词一般分别立为主条和副条，至于哪种体的动词立为主条，通常依据词典所参考的主要蓝本而定。事实上，这一问题至今也尚未得到很好的解决，有些词典在处理上未能做到前后始终一致，而是时而将完成体立作主条，时而又将未完成体立为主条，有时甚至全部单独立作主条，并且相互之间缺少必要的联系，这主要是词典的参见系统不够严密，才导致词典在立目方面出现很多严重问题。下面我们就来看看参见对于提高词典立目质量有哪些具体作用，以及当前词典在参见方面存在的主要问题。

参见系统是否严密是评价词典质量优劣的一条重要标准，适当的参见可以建立相关词条之间的联系，也有利于节省词典篇幅。但是，目前某些俄汉科技词典的参见系统还不够完善，在词典编纂中参而不见的现象时有发生，有的词典中甚至干脆就没有参见。比如说，《俄汉机电工程词典（修订本)》中没有使用参见的方法，一些词义相同但书写相异的词目之间的联系就很难被发现，如：бакборд［左舷］—бакборт［左舷］、дранка［灰板条，板条］—драница［灰板条，板条］、естествоведение［自然科学，博物学］—естествознание［自然科学，博物学］、изаномала［等反常线，等距平线］—изаномаль［等距平线，等反常线］、измеримость［可测性］—измеряемость［可测性］、клеймение［打印；印记；留下记号］—клеймление［打印；印记；留下记号］、тетраэдр［四面形；四面体］—тетраэдройда［四面体，四面形］等一些拼写不同但意义相同的相关词条之间就缺少应有的参见。如果加上合理的参见，就可以避免重复释义所造成的词典篇幅的浪费。再者，该词典中的законтривать［（用固定螺帽）固定，紧固；锁住，锁紧］和законтрить［（用固定螺帽）固定，紧固；锁住，锁紧］这两个词条，它们本是同一个动词的不同体的形式，前者为未完成体，后者为完成体，词典将它们分立成两个条目，相互之间却没有参见，而且也没有关于体的情况的语法标注，这就很容易让不熟悉该词的人误认为它们是两个不同的动词。

我们再来看《大俄汉科学技术词典》中的两组词条：

анкилостоматоз = анкилостомиаз

анкилостомиаз 钩虫病

анкилостомидоз 钩虫病

анкилостомоз 钩虫病

аналгезин〈药〉安替比林

анальгезин〈药〉安替比林

антипирин = аналгезин

很明显，这是两组拼写不同但释义完全相同的词条，词典本应把其中的一个作为主词条，其他词一律参见这一词条，但是却没能做到始终如一，有时是这样做的，有时就像这两组词条一样产生重复释义的现象。该词典中还有很多这样的词条之间根本没有相互参见，如：антропогенез［人类发生，人类起源，人类起源论］—антропогения［人类发生，人类起源，人类起源论］、апахит［闪辉响岩］—апачит［闪辉响岩］、апельсинный［橙的，橙（子）的，橙色的］—апельсиновый［橙的，橙（子）的，橙色的］等。同样，也有参而不见的现象，如该词典中指明 анэлектон 参见 анэлектртон，但是没有 анэлектртон 这一词条，却只有 анэлектрон［隔电纸板，压制绝缘厚纸］和 анэлектротон［〈医〉阳极电紧张，阳极（电性）紧张］两个词条，看了半天也还是弄不明白这个 анэлектон 到底是什么意思。

《俄汉科学技术词典》也存在上述问题，有时有参见，有时又没有参见。无须过多说明，我们只需对比以下两组词条就能一目了然了：

безискристый = безискровой

безискровой 无火花的

безискровый = безискровой

безлиственный 无叶的

безлистный 无叶的

безлистый 无叶的

可见，建立严密的参见系统是词典立目需要解决的主要问题之一，这个问题解决得好坏在一定程度上影响着词典立目的科学性和合理性，因此必须得到词典编纂人员的重视。

3.3.3 词目的编排

现有的绝大多数俄汉科技词典都采用了按俄文字母顺序排列词目的方法，Ё部词目通常和Е部合并排在一起，以Й为首的词目放入И中，一般不单独排列。按字母顺序编排对于按词的形态检索来说是极其方便的。但是，按字母顺序排列词汇的原则不利于展现概念之间的联系，也不适用于按语义特征检索需要的词，从而为建立概念系统和术语系统增加难度。西班牙著名词典学家卡萨雷斯对此有过十分经典的表述："按字母顺序就是有组织的混乱。"（Касарес，1958：113）如在词典中алюминий铝、вольфрам钨、железо铁、медь铜、никель镍、платина铂、сталь钢、титан钛、хром铬、цинк锌等表示金属元素的术语按字母顺序就分别排在А、В、Ж、М、Н、П、С、Т、Х、Ц等十个音部下，读者在查阅词典时很难发现它们之间在语义上的联系。在词目和词组的编排方式上，《俄汉科学技术词典》作了新的尝试，即该词典的词目均按俄语字母顺序排列，在部分常用词和多义词的词义后列有一些组合的科技术语，为了帮助读者进一步熟悉该词目的词义，编者在处理这些词组型的科技术语时，在一定程度上打破了惯例，即不是按俄文的字母顺序，而是按词义的先后分类排列。以该词典中的машина词条为例，我们就不难看出这种编排方式与完全按字母顺序编排有什么不同，也可以看出这种编排的优势所在：

МАШИНА，–ы［阴］①机，机器，机械，机组，装置，设备②电机，发动机③计算机，打字机，焊机，印刷机，缝纫机④汽车⑤自行车，摩托车，机动车辆．грузоподъёмная ~ 起重机．подъёмная ~ 起重机，提升机，升降机．тепловая ~ 热机．первичная ~ 原动机．паровая ~ 蒸汽机．дизельная ~ 柴油机．печатная ~ 印刷机．дробильная ~ 破碎机．обмоточная ~ 绕线机．пищущая ~ 打字机．швейная ~ 缝纫机．шаровая ~

球磨机 . холодильная ~ 冷冻机 . точечная ~ 或 ~ точечной сварки 点焊机. трубосварочная ~ 焊管机 . роликовая ~ 或 роликовая сварочная ~ 滚焊机 . электрическая ~ 电机 . ~ переменного тока 交流电机 . ~ постоянного тока 直流电机 . синхронная ~ 同步电机 . асинхронная ~ 异步电机 . закрытая ~ 封闭式电机 . аддитивная ~ 或 суммирующая ~ 加法机 . вычислительная ~ 或 счётная ~ 计算机 . ~ тьюринга 图灵机，图灵计算机 . буровая ~ 或 бурильная ~ 钻机，钻探机 . разрывная ~ 拉力试验机. грузовая ~ 卡车 . пожарная ~ 消防车，救火车 . санитарная ~ 救护车 . ~ управления 指挥车 . поливная ~ 洒水车 . ~ монтажа и разгрузки 装卸车 . легковая ~ 轻便汽车，轿车，轻型机器 . гидравлическая ~ 水力机械，液压机械 . гидротехническая ~ 水工机械。

显然，如果把以上词组按俄文字母顺序排列，那么像“交流电机”和“直流电机”、“同步电机”与“异步电机”等意义相对应的词组就不能够排列在一起了，它们之间的联系也自然会被人为地割裂开来。

按字母顺序排列词目的优点显而易见，就是检索方便，这也正是现在绝大多数俄汉科技词典采用字母顺序编排词目的原因所在。但是，按字母顺序编排词目虽说还构不成术语词典的一个致命伤，却也可算作是一个不容易愈合的硬伤。由于严格按照俄文字母表的顺序进行编排，根本无法展示词汇之间的派生关系和语义联系，从而也就破坏了术语的系统性。因此，为了展示术语的系统性和语言单位的相互关系而又便于使用，我们可以尝试一种折中的办法，就是以字母顺序为基础在词目中适当采用部分的词族原则和语义原则，将二者巧妙地结合起来。这种办法正好验证了辞书界曾经流传的一句名言：“词典是妥协的产物。”

3.4 词典的前页材料和后页材料

词典的前页材料又称卷首材料，后页材料又称后文。因为这些材料从性质上说属于词典正文以外的附属材料，所以很少受到人们的关注。有的读者使用了很多年词典，从来都没有真正看过一眼这些前后材料，有的学者多年研究词典学理论，却很少提到这些附属材料。实际上，这些材料并不是可有可无的，它们也是词典宏观结构不可分割的组成部分，理应受到词典编者、读者和词典编纂研究人员的高度重视。

3.4.1 前页材料

俄汉科技术语词典的前页材料通常包括前言、凡例或使用说明、略语表等。

前言部分通常含有对词典性质以及收词范围和读者对象的具体说明，是读者选择和购买词典时的主要依据，也是必读材料，编者应当在前言里详细认真地向读者介绍自己词典的优点和特点，以帮助读者判断该词典是否适合他使用。有的词典像《俄汉科学技术词典》那样用“编者的话”代替词典前言，其实二者并无本质区别。当前，我国现有俄汉科技词典的前言大多采用程式化的语言，一般是对词典的基本情况和特色进行简单的介绍，大致包括词典的编纂背景、词典的目的任务、针对的对象、词典的篇幅和收词的具体学科范围、致谢等内容，而真正具有理论意义的前言实属罕见，因此必须加强这方面的研究，力求使该类型词典的前言真正带有理论深度。

凡例也叫体例说明，在我国编写的俄汉科技词典中除凡例外，用“使用说明”的似乎更多一些。凡例对词典的内容、体例或结构等特点作出具体说明，以帮助读者正确有效地使用词典。如果说前言是选择和购买词典的向导，那么凡例则是实际使用词典的指南。假如每一位词典用户在使用词典之前都能够仔细阅读使用说明，那将会大大提高词典的利用率。

除前言和凡例外，略语表也是俄汉科技词典必不可少的一部分重要内容。俄汉科技术语词典要收录众多学科的术语，因此就需要给术语进行学科界定，专业略语表就是为此服务的。由于术语也是语言中词汇的一部分，它和普通词汇一样具有形态变化等语法特征和修辞特征，所以给术语进行修辞标注和语法标注就要靠相应的修辞略语和语法略语来完成。有的词典把略语表单独列于词典正文前，如《俄汉科技大词典》《俄汉综合科技词典》等，也有的词典把略语表包括在使用说明中，这类词典有《俄汉化学化工与综合科技词典》《俄汉科技词典》等。为了满足查阅方便等方面的要求，最好还是把略语表安排在词典正文之前，这样做才更科学、更合理。

有些词典的前页材料中还包括俄文字母表，这是为初学俄语或不太熟悉俄语的人准备的，如《大俄汉科学技术词典》和《俄汉科学技术词典》等。还有的词典把俄文字母表作为词典的附录安排在词典正文之后，如《俄语科技通用词词典》等。考虑到使用方便等方面的要求，建议还是把俄文字母表安排在词典正文之前比较妥当。

3.4.2　后页材料

词典的后页材料主要指附录。所谓附录，“指附于图书正文后的有关文件、文章、图表、索引、资料等”。（顾劳，1993：36）词典附录的多少常常与词典的规模有着紧密的联系。王槐曼主编的收录28万条术语（包括词目和词组）的《俄汉科技大词典》和化学工业出版社出版的收词15万条的《俄汉化学化工与综合科技词典》就是两部具有17

种附录的大型词典，收词12万余条的《俄汉科技词典》收入了14种附录，收词105000条的《俄汉冶金工业词典（增订本）》也收入了11种附录。相反，收词较少的《简明俄汉科技词典》《俄汉科技小词典》和《俄汉石油炼制与石油化工词典》都分别只有三种附录，也有的词典只收了一两个附录。尽管附录是词典的一个十分重要的有机组成部分，也还是有词典对其视而不见，将其拒之于词典门外，《俄汉综合科技词典》和《俄汉综合科技词汇》就都没有任何附录。

另外，附录的内容也特别值得我们注意，因为附录质量的好坏对于提高整部词典的质量来说同样具有十分重要的意义。我们所研究的俄汉科技术语词典的附录可以包括很多种内容，如有名词、形容词、数词、代词变格表及动词变位表、俄汉译音表、化学元素表、拉丁和希腊字母表、数学符号表、各种计量单位表、公制度量衡表、国际词素一览表和国际词素检索表、外国地名汉译表和外国人名汉译表、各国货币名称表等。附录的种类如此繁多，但这并不代表某一本词典需要将所有可能存在的附录全部尽收无遗，如何对其进行筛选和取舍还应该根据词典的编纂宗旨和针对的读者对象而定，尤其应该注意不要把已经过时不用的内容作为附录收入词典中，否则很容易对读者造成误导，与其收入这样的附录还不如没有的好。

编纂俄汉科技词典还不能漏掉另一部分比较重要的词汇，这就是科技缩写词。目前现存的词典在对这类词进行编排时做法也不尽相同，有的词典将它们按照字母顺序混排在词典的正文中，如《俄汉化学化工与综合科技词典》和《俄汉石油石化科技大词典》等，更多的词典则把它们作为附录置于正文之后。我们无法对这两种编排方式的优劣妄下断言，统一排在后面比较集中，但混排在正文中也不无道理，缩写词除形式比较特殊外，其他方面与普通词汇并无明显差异，因此该如何处理它们在词典中的位置问题也需要根据词典编者的编纂意图来决定。

3.5　词典的版式与装帧

词典作为一种商品也需要精美的包装，版式与装帧就是给词典包装的两种有效方法。词典的版式指条目内各种信息的安排，也指页面上各个条目的安排。版式美观、条目内部及条目之间各种信息的安排有条不紊，不仅方便读者查找和使用，而且也是促销的一种手段。词典的页面应当整洁清秀、美观悦目，外观也要求简洁大方、新颖别致，尤其是科技词典的封面更要体现科学的权威性、反映鲜明的时代性。

词典的开本大小通常由其内容的多寡而定，当然还要考虑纸张的厚薄与印刷厂的印装技术等诸多因素。从便于携带的角度考虑，32 开本的大小较为适宜，但是比较大型的俄汉科技词典由于收词量很大，采用 32 开本恐怕显得过于厚重，反而看起来臃肿。李明、周敬华在《双语词典编纂》一书中给出了词典厚度的大致标准：32 开的词典厚度不宜超过 6 厘米，16 开的词典厚度不宜超过 7.5 厘米，否则就会显得臃肿笨重。（2001：51）根据我们平时使用词典的经验，这个标准是可以接受的。现有的几部大型俄汉科技术语词典一般都采用 16 开本，而中小型的词典一般采用 32 开本，很少有词典超出上面提到的标准。

从目前的情况来看，俄语类词典的装帧在一定程度上落后于英语类词典。现在已经有英语类词典印有页边检索块或作挖月索引，有的甚至作了防尘处理，在切口处涂上防尘色，这样不但能防尘，还能使词典美观耐用，平添辞书的风采。俄汉科技术语词典在外观的设计上也可以借鉴英语类词典的经验，学习他人的长处以弥补自己的不足。

第 4 章

俄汉科技术语词典的微观结构

词典的微观结构指的就是词典的词条结构。词条是词典的基本结构单位和功能单位，是词典的主体。词条通常主要由词目和释文两大部分组成，这两个部分也可以被称作是词典的左项和右项。对于俄汉型的双语科技词典来讲，最主要的目的就是通过词典的右项（释文）对词典的左项（俄语术语词目）进行解释，使读者能够对所检索的语言单位有较为全面和准确的理解。

一部词典的编写，在确定宏观结构之后，整部词典的特色要靠微观结构予以体现。词典的微观结构包括具体条目中经过系统安排的全部信息。黄建华（2001：67～68）把这些信息归纳为如下十个方面：

1. 拼法或写法，这是关于词的形态方面的信息。

2. 注音或标音，这是关于词的读音方面的信息。

3. 词性，这是关于词的语法属性方面的信息。如标出词属何种词类（名词、动词、形容词等），词的阴、阳性或中性，动词的体等。

4. 词源，这是关于词的来源和词的出现年代方面的信息。

5. 释义及义项编排，这是关于词义方面的信息。一般认为，这是词典微观结构的核心部分。

6. 词例，这是关于词在具体语境中的用法信息。对于术语词典来说，收入的大多是词组型的例证，一般很少涉及术语所使用的语境。

7. 特殊义，这是关于词在特定学科中的含义的信息。这一点对于科技词典来说十分重要。

8. 百科方面的信息，这类信息在综合性词典或百科词典的词条中提供得最多。在编纂科技术语词典时可酌情处理。

9. 词组、成语、熟语、谚语等，这是关于词的构词能力方面的信息。对于俄汉科技术语词典来说，这部分主要指的是由术语构成的固定词组，因为成语、熟语、谚语等一般是语文词典所描写的对象，对于科技词典而言并不典型。

10. 同义词、反义词、近义词、类义词、派生词等，这是关于词目词与其他词的联系方面的信息。

乌克兰学者 Дубичинский В. В. 在关于词典词条结构的问题上也提出过自己独到的见解，他认为词条是词典的主要结构单位，由条头单位和对条头单位的描写所构成，并指出词条应该由以下几个部分组成：条头单位及其语音、语法信息，条头单位的语义信息（包括解释、定义、翻译对应词等），条头单位的搭配信息和构词潜能，词源信息以及配例、词典标注、参引和注释等。（Дубичинский，1998：34）

随着词典学作为一门独立的语言学分支学科的发展，一些学者还提出了词典编纂的参数化理论。较早提出这一思想的是俄罗斯著名语言学家 Караулов Ю. Н. 。他认为，词典的参数化是指当代语言学力图以词典的形式提供语言学的各种成果，理想的情况是提供一切成果，也就是语言描写的词典化。（Караулов，1988：8）Караулов 把词典的参数看作是语言结构的某种信息量子。他在《论现代词典编纂中的一个趋势》一文中首次较全面地列举出词典的编纂参数，其中包括：语言参数、词目、年代参数、数量参数、拼写法参数、词长参数、重音参数、性参数、数参数、动词的体参数、及物性参数、变位、时间、词的形态切分、构词参数、地域参数、组合参数、例证参数、修辞（语体）参数、借词参数、同义参数、联想参数、图书文献参数等。(Караулов，1981：152～153）此外，俄罗斯著名学者 Гринёв С. В. 还在《术语词典学引论》(1995：42～47）一书中专门论述了术语词典中专业词汇描写的参数化问题，为我们研究术语词典的词条结构提供了一个全新的思路。词典编纂的参数化理念在拓宽词条信息范围的同时，也使我们更加关注词典编纂体系化的趋势。

为了便于对词典的微观结构进行系统研究，我们通常把词条划分成各个区域。一部俄汉科技术语词典的词条结构一般可以包括语音信息区、语法信息区、语义信息区、例证信息区、联想信息区、词源信息区等。但根据具体词条的特点及面向读者群的不同，在某些情况下，可以对以上各区域作出适当的增减。

4.1 语音信息区

语音信息是词典中最基本的信息，也是词典中不可缺少的一部分内容，它主要包括词的拼写和读音。在俄汉科技术语词典中，许多术语都是平时不常见到的陌生词汇，特别是那些书写起来比较长的术语，很容易让不熟悉它们的人读错，因此，俄汉科技词典除了应该像普通俄汉词典那样给每个术语都标上重音外，还应该给读音发生变化的特殊词汇注明读音，如：метрополитен［тэн］（地铁）、ларёчник［шн］（货亭售货员）等。

目前，俄汉双语科技词典词目词及其配例不标注重音的现象比较普遍，这必然给使用者阅读该词典带来不小的困难，也给词典的使用带来许多麻烦。像《俄汉化学化工与综合科技词典》《俄汉石油炼制与石油化工词典》《俄汉科技词汇大全》《俄汉无线电电子学词汇》《俄汉石油石化科技大词典》等词典中的俄文词就未注明重音。另外，《俄汉科技缩略语词典》中所收缩略语的全称也没有标注重音。《俄汉科学技术词典》的词目上标有重音，但不知何故词组却没标重音。还有一部分特殊的科技词，它们可按两种重音读，不同的词典在对这类词重音的处理上做法也不一致，有的词典标出两个重音并在词典前面的使用说明中指出可按其中任何一个重音读，这类词典有《大俄汉科学技术词典》《俄汉科学技术词典》等。也有像《新俄汉综合科技词汇》等词典那样做的，即具有双重音的词只标出一个重音。关于双语科技词典是否应标重音的问题《辞书研究》上早有专文论述，有关内容可参见黄忠廉《双语科技词典词目宜标重音》（1997：139～140）一文，此处不再赘述。

4.2　语法信息区

语法信息是关于条头单位基本形态特征的信息，在词典中应该得到比较精细的描写。语法信息一般包括条目词的词类归属，名词的性、数、格及其变化，动词的时态、体、及物与不及物及其支配关系、形态变化等。（陈楚祥、黄建华，1994：101）在俄汉科技术语词典中提供词目的语法信息也和其他词典一样重要，简短的语法信息一般只提供条头单位的典型词形，以便和原始词形共同构成相应的词变聚合体。我们认为，对于俄汉科技词典来讲，关于俄语词目的比较全面的语法信息至少应该包括以下几个方面：

1）如果所要描写的术语条目是名词，并且是变格时重音不发生位置移动的变格规律的名词，一般只给出其单数第二格的形式，单、复数其他各格的重音均与给出的单数二格一致，可以凭借类推得出，如

нож，－а［刀，刀片，闸刀，开关片，（模具上的）定位刀］等。如果名词术语在变格时重音位置发生变化，则一般应给出重音有变化的相应各格的形式，如нога［脚，足，腿，底脚，（器物的）脚柱，架脚］一词的单数一、二格重音在词尾，而单数第四格及复数第一格的重音则前移一个音节，从复数第三格开始重音又移到词尾。词典给出这类信息有助于避免词语使用上的错误，这对于从事口头翻译的人来说更是意义重大，因为不熟悉术语变格时重音移动的情况，在口头翻译中就很容易出错，甚至严重时还会闹出笑话。

对于名词性术语来说，指出它们的性、数以及是否变格等方面的特征同样是十分重要的。因为有些名词的性是不能够仅凭词尾分辨出来的，如以软音符号结尾的名词就有阴性和阳性两种不同的情况，有的名词还比较特殊，只有一种形式，没有格的变化，还有的名词只有复数形式或只用复数形式，词典一般以复数形式立目，在词目后标明它是复数名词。如以下几个词条的语法信息就是必不可少的：

дурукули〔阳，不变〕〈动〉夜猴，〔复〕〈动〉夜猴属

дуро〔阳，不变〕杜罗（古代西班牙银币）

медведь，－я〔阳〕〈动〉熊，〔复〕〈动〉熊科

зелень，－и〔阴〕〈植〉绿荫，树木，青草，青菜，（嫩）叶，〈化〉绿色颜料

ножницы〔复〕剪刀，剪断机，剪床，剪形砖道，炉底分叉焰道，剪刀差

полуэпифиты〔复〕半附生植物

令人遗憾的是，目前许多词典在这方面的体例与标注都未能前后一致，始终统一。如《大俄汉科学技术词典》中的полуэпифиты［半附生植物］、полуксерофиты［半旱生植物］等词有语法标注〔复〕，而同样身为复数名词的полумикровесы［半微量天秤］、ножницы［剪

刀］等却没有这种标注，这种现象着实让人难以理解。所以，词典编纂过程中要不断地统一体例，注意同一部词典的相同内容要前后保持一致，否则会给词典使用带来诸多不便。

2）对于形容词性的词目来说，一般以阳性一格词尾形式立目，其后要给出阴性、中性及复数的词尾，如 неточный，－ая，－ое；－ые［不精确的，不准确的］。由于俄汉科技词典中收入的形容词大多是用于与名词搭配构成组合型术语的，所以一般不提供形容词的短尾形式以及比较级、最高级等方面的信息。

3）对于前缀等派生能力较强的构词词素，一般应该指出它是复合词的哪一部分，如－ность［复合词接尾部］（表示“性”“度”之意）、полу－［复合词第一部］（表示“半个”“半”“一半”“不完全”之意）等。

4）动词的语法特征比较复杂，不仅有未完成体和完成体、及物与不及物之分，还有单、复数各个人称的变位和过去时形式以及支配关系等，这些信息都要在词典中有所体现。不管在哪种类型的词典中动词通常都以不定式形式立目，后面应该说明动词体的情况，如果是兼体动词也要加上适当的标注，如 линеаризовать［未，完］（使线性化，使直线化）等。至于动词的变位形式，一般只给出单数第一、二人称及复数第三人称形式，其他各人称可类推得出，变化规律的动词一般不提供过去时形式。一些变化特殊的动词应该提供各人称变位及过去时等的全部特殊形式，如完成体动词 подвить（使…略有弯曲，把…稍微卷一卷）的变位形式为 подовью，подовьёшь，…подовьют；过去时除阴性重音在词尾外，其他均正常不变。

为术语条目提供较全面的语法信息是每一部术语词典特别是规范性词典义不容辞的责任与义务。然而，当我们翻阅了大量现存的俄汉科技术语词典之后发现，并不是每一部词典中都能比较全面地反映出术语的语法特征，往往都是顾此失彼，缺这少那，这就在某种程度上给词典编纂质量的提高设置了难以逾越的障碍。因此，词典编者必须给语法信息区以应有的重视，并对其进行全面细致的描写，在保证词典质量的同时也增强词典的实用性。

4.3 语义信息区

词典的语义信息区主要是对条目词的意义进行描写，也就是提供释义方面的基本信息。释义是指对词目含义的注释或解释。释义既是词典的灵魂，又是词典编纂的基本任务。因此，无论对于语文词典，还是对于百科、专科词典来说，有关释义的信息都是词典词条结构中最重要的组成部分。如果说语文词典的释义是从素朴的世界图景出发来解释词义，那么术语词典的释义则是从科学的世界图景出发来揭示术语的意义。恰当的释义方式是准确释义的前提。由于不同语言间存在的种种差异，决定了双语词典释义方式的多样性。对于编纂双语科技词典来讲，可以使用的释义方式就有很多种，或者使用同义词及反义词释义，或者采用参引、例证及上下文释义，还可以使用百科释义和构词释义等方式，但是最重要的还要属提供对应词和科学定义这两种释义方式。因此，本章在研究俄汉科技术语词典的释义时也将着重从提供对应词和下定义这两个方面入手分别加以探讨。

4.3.1 提供对应词

双语词典的释义在某种程度上可以认为是一种特殊的翻译，黄建华早在上个世纪 80 年代就已经发表专文批评了那种不把双语词典的翻译视为名副其实的翻译的看法。他还从词目的角度论述了双语词典涉及的翻译单位，这些单位大体上包括：词素单位、音节单位（或音位单位）、符号单位、词的单位、词组或短语、习语单位和句子单位等。（黄建华，1988：78~85）除后两种外，其他翻译单位对于外汉科技术语词典来说也是基本适用的。在目前已有的俄汉科技术语词典中，使用提供对应词这种释义方式的词典占绝大多数。译语对应词指的是双语和多语词典中用于解释或定义某个语言单位（如条头单位等）的语言单位。双语词典的对应词相当于单语词典的释义。用目的语写的对应词应当尽可能完整地传达源语词目的确切含义，这一点对于双语术语词典来说尤其重要。如果普通词典里的对应词只要求达到准确的程度，那么术语词典中的对应词则应该力求满足精确性的要求。考察一本双语词典的质量高低，很重要的一点是看它的对应词是否恰当、贴切。

双语词典的词目和译语是两套语言符号的对应，由于俄汉语之间存在较大差异，两种语言中意义完全对应的词汇单位是不太多见的，很多情况下都只是部分对应，这就给俄汉双语词典的编纂增加不少难度。双语词典的编者在寻找对应词时可能遇到三种情况：一是找到绝对对应词（也称对等词），绝对对应词和源语中的语言单位不论在指称意义、内涵意义和应用范围等方面都绝对符合、完全等同。二是找到部分对应词，即只能在有限范围内使用的对应词。部分对应词和源语中的语言单位部分等同。第三种情况是找不到对应词，源语中的所指对象在目的语中并不存在，即所谓的“词汇空缺”。其中，最后一种情况主要是针对语文词典或百科词典中的文化局限词等词汇来说的，对于术语词典而言并不具有典型性。因此，我们在研究俄汉科技术语词典中的对应词时，将重点研究绝对对应词和部分对应词两种情况。

为了适应术语发展的国际化趋势，双语科技词典的编者应该努力为源语词目寻找其在目的语中的绝对对应词，为此可以采取等值对译的翻译方法。等值对译是双语词典编者努力追求的目标，其前提条件是两种语言词的语义内涵完全相等。由于完全等值的词大多属科技词、国际词等，因此，双语科技词典中的所谓的绝对对应词可能会比其他词典比重大一些。例如，俄语词 атом，вертолёт，физика 等就分别与汉语中的“原子”“直升飞机”“物理学”等完全对应。这类对应词收入俄汉科技术语词典中并不会影响读者对术语词目意义的理解，因此是多多益善。应该注意的是，由于俄汉两种语言的差异性，词目与对应词完全吻合的情况毕竟还是非常少见，双语科技词典的编者经常需要用多个义项来反映术语词目不同方面、不同层次、不同领域的意义。如《大俄汉科学技术词典》中的以下几个词条：

плащ〈织〉雨衣，斗篷，外套，〈解〉（大）脑皮（质），隔膜，外套膜，〈地〉覆盖层

снаряд〈军〉弹，炮弹，弹头，〈机〉工具，器具，设备，装置，〈地〉钻具，钻探设备，〈海〉吸泥船，工作船，挖泥船

这两个词条都是从不同的专业领域出发对俄语术语的意义进行分门别类的描写，这是因为同一个俄语词因所属学科的不同而分别对应汉语里的不同词语，源语和目的语无法形成一一对应的关系，所以只好采用划分义项的办法来解释词义。

还有的对应词是从源语按照发音直译而来的，也就是以音节（或音位）为单位音译的，这也许是因为在目的语中一时还找不到与源语词目相对应的词汇单位，所以暂时用音译法来释义，在必要的情况下还可以在括号中加上解释说明性的文字，使意义更加确切。科技方面表示单位名称、药品名称等的术语多用这种办法来翻译，如 тонна—吨（国际重量单位，等于 1000 公斤）、ампер—安培（电流强度单位）、калория—卡路里（热量单位）、антипирин—〈药〉安替比林、плестрин—〈药〉普列斯特林（一种卵孢素制剂）、радар—雷达、нейлон—尼龙等。有时，也有使用音义兼译的方法的，即在译音后面

加上事物所属的类别，如 джип—吉普车、трактор—拖拉机、скиатрон—斯基阿特伦阴极射线等。

提供俄语词目的汉语对应词是我国编写俄汉科技术语词典广泛采用的一种释义方式，也是最主要的一种方式。但是，很多时候词典所提供的对应词都不是很“对应”，总是存在着这样或那样的问题。正如前面所说，俄汉两种语言的差异性决定了两种语言中意义完全对应的词汇单位数量的有限性，很多情况下都只能是部分对应。如俄汉语词所指的不是同一个事物，或者多个俄语词对应同一个汉语词以及一个俄语词对应多个不同的汉语词等，这些现象虽然都是词典中普遍存在的，但也是词典编纂应该努力避免的。类似的例子在词典中可以说比比皆是，如《大俄汉科学技术词典》中的以下一组词条：

канал 线索，方法，管，沟，槽，管道，通路，运河，水渠，管路，空隙，缝隙，孔道，槽道，烟道，火道，风道，腔道，〈冶〉注钢池，〈无〉频道，波道，电路，信道，通路，〈解〉气管，髓部

контур 等高线，范围，界线，外形，轮廓，外缘，电路，回路，环路，地物（测绘用语）

схема 图，简图，示意图，系统，系统图，图形，草图，流程，流程图，方案，公式，工艺过程图解，〈电〉线路图，电路，网络

цепь 链，网络，锁链，链条，〈电〉电路，回路，线路，〈军〉兵线，散开队形，〈测〉链尺，测尺，〈地〉山脉，〈数〉（∇－цепь）上链（拓扑学）

很明显，以上四个词条中的俄文词目 канал、контур、схема 和 цепь 都有“电路”之意，但同时它们每一个词又都具有许多其他不同的意义，这样一来就给术语的翻译带来很多麻烦，在遇到具体的翻译时，很难确定应该选择哪一个汉语中的对应词来翻译俄语术语，亦或者是要表达“电路”这一概念时不知道该使用哪一个俄语术语更好。

为了避免或尽量减少上述的那种混乱现象，词典编者在术语翻译中应该首先制定并遵循一定的原则。与科技术语应具有的若干特性相适应，如科学性、单义性、简明性、习惯性、系统性、协调性以及国际性等，术语的翻译应该尽量符合准确性、可读性、透明性和约定俗成性等标准。此外，解决术语翻译问题的另一个有效途径是加强科技术语的规范和整理工作。目前，在术语整理工作中，除了各级管理部门纯行政方面的组织和安排外，更应该注重的是学术研究的成果和理论观点，也就是要从学术研究的角度寻求术语问题的解决办法，这需要语言学家、术语学家和各领域技术专家的密切配合，共同致力于术语标准化问题的研究。

4.3.2 科学定义

语义信息是任何一部词典词条结构中最重要、最复杂的部分。在术语词典中，术语的语义特征除了以翻译对应词的形式体现外，还可以通过科学的逻辑定义来表达。作为解释术语意义的方法之一，科学定义往往是按照一定的逻辑规则，通过为术语所称谓的概念进行严格的定义而得来的，因此绝对不能随心所欲、敷衍了事。

概念—术语—定义，是术语研究工作的三个重要概念，是相互依存的整体。概念是人类思维的基本形式，人们在认识事物的过程中，通过观察、分析、推理等思维方式，把客观事物的本质属性加以抽象概括而形成概念。术语是在某一特定专业领域内表达一个特定学科概念的语词形式。术语依附概念产生与消失，概念是术语生成的基础，术语是概念的载体。定义则是术语和概念之间的桥梁。定义的任务是表述概念，用最简练的文字科学地说明概念的内涵。弄清三者之间的关系是准确定义的前提。

给词语释义通常有三种方式，即语词式、描述式和定义式。语词式是一种以词释词的方式，其优点之一是简洁明快。描述式是通过描写实物、叙述情节和说明用法来解释词义的方式，多用于描写实物和介绍知识，所以更适合在百科词典中使用。定义式是一种揭示概念内涵的释义方式。科学概念的严密性和一词一义特性选择了定义式作为术语的释义方式之一。

一般情况下，最常用的定义方法是：被定义概念 = 属 + 种差。这里借用了形式逻辑的公式。被定义概念是需要解释的词，用来解释词的文字统称为定义项，它包括邻近的属概念（是比被定义概念大一级的概念）和种差（是被定义概念所反映的对象区别于包含在同一属中其他种事物的本质属性）。其中，“属”是上位概念，“种”是下位概念。这种属加种差的定义方法只是一种用得比较普遍的方法，并不是唯一的方法，只要能满足“定义”要求，能揭示词语的含义，即为定义。比如说，对于那些非种概念的术语（如宇宙、物质等）、总括性术语和概念复杂的术语，用属加种差的方法就常有困难，应具体对待。定义除了可采取文字形式外，还可使用数字式定义及图表定义等方法，它们使比较复杂的概念显得简单明了，具有一目了然的显著效果，因此也是经常使用的定义形式。

在术语词典中对术语意义的界定在很大程度上取决于对“术语”这一概念的理解。术语的特征在于它的意义与科学概念紧密相连，术语的意义通常只反映科学概念主要的、本质的特征，而实际上，概念本身的范围总是比术语定义中所表达的意义更广，也就是说，以定义形式表达的术语意义永远不可能传达出某一科学概念的全部特征，即使再准确明了的定义也只能是对概念内容相对全面的描写。所以在实践中，一部术语词典内经常是既有定义又有描写。正如俄罗斯从事术语词典学研究的著名学者 Герд А. С. 所说的那样，简短明晰的逻辑定义与言简意赅的描写（解释）是术语词典中术语释义的理想结构。（Герд，1986：54～55）

对于界定术语的意义来说，还有一点也很值得注意，那就是在下定义时要充分认清某个术语在科学概念体系中的地位，因为任何一门学科的概念整体都是一个相对独立的体系，而表达这些概念的术语理所当然也应该成为一个体系。

虽然定义对于揭示术语的意义具有重要的作用，但也并不是每一部术语词典中都需要有定义，这主要应该根据所编术语词典的类型以及词典的主要使用者而定。一般来讲，供从事科技语篇翻译工作的人员使用的翻译词典不需要包含定义，只需提供术语的翻译对应词即可，这也是由这类词典的特殊性质及主要读者对象和用户群所决定的。相反，详解术语词典（尤其是单语详解词典）和教学术语词典中应当尽可能提供关于术语的比较详尽的信息，因此最好加上明确的定义，使读者对术语所表达的概念有更清楚的认识。换个角度说，综合性的科技词典通常不必包括定义，而专门针对某个学科领域的单科词典一般应有比较科学准确的定义。目前，在我国编纂的俄汉双语科技词典中包含定义的十分罕见，大多数词典都是只提供对应词，这可能是因为我国的俄汉科技术语词典大部分都是面向翻译工作者的，即使有少数兼为广大高校师生服务的科技词典也没有关于术语的明确定义，这说明我国科技术语词典编纂的理论还不够成熟、不够完善，需要进一步加强研究。今后，在俄汉科技术语词典编纂中应该根据词典的宗旨、功能以及服务对象等因素来决定是否为所收术语词目提供严格的科学定义。如果仅从词典的功能方面考虑，一般以清点为目的的词典不需要提供定义，而执行规范功能的词典则最好加上准确的科学定义。

4.4 例证信息区

有无例证、例证是否典型也是评价词典质量的重要标准之一。在词典中成功地选入一些例证有利于使用者举一反三、由此及彼。例证通常可分为词组例和句例两种，由于考虑到科技术语词典的特殊性，这一类词典中收入的词组型例证比较多一些，而不像语文词典那样收入较多的句例。目前现有的该类型词典中一般都收有词组型术语，只是不同词典对它们的处理方法不太一样，有的词典将词组单独立作条目，而大部分词典是将它们作为例证安排在相关的词条中。单独立为词目的词组已属于词典宏观结构的研究范围，本章的这一部分只研究作为例证收入相关词条中的词组。

当前俄汉科技术语词典中所提供的词组型例证并不都具有典型性，比如说，《俄汉机电工程词典（修订本）》中 время 词条下所收的 местное время（地方时间）、районное время（地区时间）、стандартное время（标准时间）等词组就不能算作是典型例证，因为它们的意义完全可以根据前面的形容词推导出来，因此没有必要再额外占用词典的宝贵篇幅。有时候词典还将同类的例子重复收入好几个，这必然会影响词典例证的质量。其实，对于同类的例子，词典只需选取一个作为典型的例证收入就好，其他可以依此类推，而不必将同类的词组一一列举，徒增词典篇幅。事实上，穷尽全部同类例证的可能性也并不是很大，况且也完全没有这个必要。因此，我们所要达到的目标是利用尽可能少的词典篇幅传递尽可能多的信息。

例证除了要满足典型性的要求外，其编排方式也十分重要。有的词典把例证分别排在相应的义项下，有的把例证统一排在所有义项之后，但无论采用上述哪种方法，所收例证都应该按一定的规律编排。因为词组型例证在科技术语词典中的数量比较多，如果超过 20 ~ 30 个又没按一定规律编排，查索起来就会很不方便。所以，例证或者按字母顺序排列，或者按照意义编排，总之就是要有一定的原则和标准，不可随心所欲、胡编乱排，而具体应该怎么做还是要根据词典的宗旨而定。通常情况下，在术语词典中名词性术语比较多，立为条目的名词在词组中充当中心词，由其构成的词组以“形容词 + 中心词”类的居多，其他还有“中心词 + 二格名词”“中心词 + 前置词 + 名词”等类型的词组，这几种类型的词组谁先谁后，词典也应该给出一定的编排标准并且要在正文之前的使用说明中明确指出，以方便读者查索。

无论是前面论述的词组例，还是语文词典中收入较多的句例，都没有超出语词例证的范畴。例证除采用语词形式外，还可以使用公式、图解、表格、照片等多种形式。在这一点上，俄罗斯学者 Гринёв С. В.（1995：47）和 Марчук Ю. Н. （1992：55）两人均认为术语词典的例证可以有两种类型，即语词例证和图表例证。出于节省词典篇幅的考虑，在术语词典中语词例证主要指的是最为典型的术语词组，而图表例证一般是指为术语所指事物所附的插图。实践证明，插图有时候比语词更能直观地反映术语所指的概念。在例证方面，普通词典与专业词典的不同之处就在于，普通词典的例证与词语的语法信息紧密相连，而专业词典中的例证与对术语的解释，即释义信息密切相关。所以，在某种程度上可以认为例证是释义的进一步延伸与扩展，词典编纂应该充分发挥例证的这种作用，使术语的释义更加完善、准确。

4.5 联想信息区

任何一门学科的知识经过发展最终都要形成一个体系，语言也不例外，它也是作为一个复杂的系统而存在的。语言中的各种词汇单位在人的大脑中以网络的形式存在着，并且这种网络在很大程度上是建立在联想和类推基础之上的。学会运用并牢固掌握联想和类推机制对于我们学习语言乃至其他学科都是只有百利而无一害的。从词典编纂的角度来看，联想同样具有意想不到的意义和效果。如果把整部词典看作是一个大体系的话，那么单个词条内的联想信息区则是一个个微小的体系。我们建议在俄汉科技术语词典中划分出联想信息区的初衷是希望能够为建立概念系统和术语系统作出一点点力所能及的尝试与探索，并且把联想信息区所包含的内容作为一种辅助释义手段，以加深读者对术语意义理解的程度。

联想作为术语词典的一个参项，它所描写的是词汇单位出现的语境条件，也包括与该词汇单位相关的广义及狭义的术语。由于联想一般有组合联想和聚合联想两种形式，所以联想信息区内提供的信息可以包含与条目词相关的同义术语、近义术语、反义术语、同音异义术语、术语变体及外语中的对应术语等，也可以提供关于术语的词汇搭配特征等方面的信息，还可以指出术语之间的种属关系或整体部分关系等，甚至在某些情况下还可以将一部分复合词及派生词纳入词典的联想信息区。除术语词典外，联想信息还可以成为教学词典等许多其他类型词典词条结构的有机组成部分，应该得到词典编者更多的关注。但是，在我国编写的俄汉科技术语词典中专门划分出联想信息区的词典实属罕见，这说明我国的词典编者对联想信息的重要作用还缺乏深刻的认识，对术语词典微观结构的研究还有待于进一步深入。

4.6　词源信息区

提供词源信息是对词典释义的有益补充，在术语词典中词源信息用于说明术语的来源，首先是术语出现的时间，即某一术语首次记录在文献或词典中的时间。其次，词源信息还能反映术语借用的情况，也就是某一术语是什么时候、从哪种语言、通过什么途径借用来的。词源信息区除提供与术语借用有关的源语言和中介语言的信息外，还描写术语构成的方法和模式，以及亲属语言中与之类似的形式和术语形式与内容（语义）发展的主要阶段等。目前，在我国所编写的俄汉科技术语词典中包含词源信息的词典几乎没有，但是我们不能因此就忽略了词源信息的巨大价值，其价值表现在：它使人们考虑术语发展的趋势、选择最能产的新术语的构词模式，并使形成对某一专业知识领域发展历史的概念成为可能等。尽管词源信息具有如此重要的作用，但也并不是任何类型的术语词典都需要提供这方面的信息。一般来讲，详解术语词典和信息查考型术语词典应该提供关于术语的比较全面的信息，所以在这两类术语词典中可以适当加入一些有关术语来源的信息。然而，在我国编纂的所有俄汉双语科技词典中还没有出现过真正意义上的俄汉详解术语词典和信息查考型术语词典，这不得不说是某种遗憾。长期以来，我国编纂的大多是俄汉双语翻译词典和综合性科技词典或中小型术语词典，如《大俄汉科学技术词典》《俄汉综合科技词典》《简明俄汉科技词典》《俄汉科技小词典》等，而在这些词典中一般不包含关于术语的词源方面的信息，这是由这些词典的类型和特点所决定的。上述问题的形成说明我国俄汉科技术语词典的类型还不够健全，已经出版的词典类型比较集中，而某些应该有的词典类型却迟迟未见出版。所以，当前我国俄汉科技术语词典编纂的任务之一就是要充实并完善词典的类型，在此基础上编者才可以根据词典的宗旨以及所编词典的类型来确定是否将词源信息区作为词典微观结构的一部分加入术语词条中。

第5章

俄汉科技术语词典编纂的实践问题

理论与实践从来都是相辅相成、密不可分的，理论研究的成果可以用来指导实践，引领实践向着正确的方向发展，而实践也不能脱离理论指导任意自由地发展，否则极有可能误入歧途。词典编纂也不例外，不能只顾研究理论而忽视实践方面，应该将理论研究的成果及时运用到实践中，使实践在理论指导下如虎添翼，更好地发展。我们在重点研究了俄汉科技术语词典的编纂理论之后，也应该留些笔墨讨论几个与编纂该类型词典密切相关的实践问题。大体上说，这些问题包括：词典资料和蓝本的选择及语料的搜集；词典编纂的自动化；词典编纂方案的制定与组织工作；词典编者培训及词典用户教育等问题。

5.1　资料和蓝本的选择及语料的搜集

5.1.1　资料和蓝本的选择

编纂任何一部词典都应该从搜集大量的资料开始，而资料的搜集应该从选择蓝本词典开始。所谓蓝本，“指的是在编纂一部双语词典时用作主要参考依据的原文词典。蓝本可以是一部原文词典，也可以是几部原文词典。仅供参考的原文词典不是蓝本”。（胡明扬等，1982：155）郑述谱在《双语词典编纂如何利用蓝本资料》（2005：140）一文中归纳出了选取蓝本的三点标准，即权威性、时代性、相适性，这三点标准对于选取俄汉科技术语词典的蓝本来说也可供参考。选择蓝本不仅要考虑蓝本的质量，也要考虑所编的双语词典的编纂宗旨。编纂俄汉科技术语词典也应如此，一般说来，为翻译服务的俄汉科技词典应该选择收词较多又较新的俄语单语术语词典作为蓝本，而为教学服务的词典应该选择俄语单语详解术语词典作为蓝本，这样做才能保证所编双语词典的质量不至于与编者预期的目标相差过于悬殊。

通常情况下，词典的主题范围越广、篇幅越长或者词典的清点功能表现得越明显，它的材料来源的数量也越大。对于编纂俄汉科技术语词典来说，可以用作蓝本的原文术语词典就有很多种。除此以外，还有许多其他也很重要的资料来源。人们通常把术语的来源分为三个基本类型：一是术语出版物，指的是术语词典和专门讨论术语学问题的各种期刊杂志；二是非术语出版物，指教科书、百科全书和文章等；三是分类性质的出版物，指某领域内概念和事物的分类表。其中最重要的来源是现存的术语词典，尤其是详解术语词典，它不仅可以用于整理术语，也可以用于编纂任何一本其他类型的词典。顺便提一下，术语整理的结果也将会形成一本规范的详解术语词典。另外，整理术语所使用的存在于各个知识领域内的术语标准和推荐术语集同样可以作为编纂俄汉双语科技词典的资料来源，还有一些相关的信息查询词典、频率词典和百科全书等也能为编纂科技词典提供许多宝贵的资料，再就是行业内著名学者和专家所撰写的总结性专著及文章，它们也具有一定的影响力，特别是大量的高校课本和教学参考资料在其中占据着重要地位，因为这些教科书中含有某学科概念和术语的最清晰明了的定义。

除了上述的资料来源外，还可以有所谓的“二次文献”，主要指的是书刊及文章的摘要和简介。与此同时，还可以为编纂术语词典提供几种辅助性的资料来源作为补充，如工人们以生产为主题进行谈话的录音、地方报纸上刊载的评论文章以及关于生产方面的实况广播和采访等。所有这些都有可能成为编纂某部术语词典的最佳素材，至于该如何取舍，当然还是要依据词典的编纂宗旨及编者的意图灵活决定。

对于编纂俄汉科技术语词典来讲，最重要的就是要选取一部或几部较好的原文词典作为蓝本。除此之外，同类的俄汉双语科技词典也可以用作主要参考资料。其他的术语和非术语出版物，或者分类性质的出版物，以及前面提到过的“二次文献”、谈话录音、评论文章、广播采访等均可以作为辅助性的参考资料加以吸收利用。总之，俄汉科技术语词典编纂应该努力做到兼收并蓄、集思广益。

5.1.2　语料的搜集

在传统的词典编纂中，语料的搜集往往要靠编者手工抄写和制作的词典卡片来完成，这些卡片的制作和整理不仅需要耗费人们大量的时间和精力，而且稍有不慎就会出现各种各样的错误，这也的确是当时那种条件下不可避免的。然而，随着时代的发展，人类社会迈入了21世纪，那个用手工抄写和制作词典卡片的时代早已和“刀耕火种”一样永远成为了历史。现今的词典编纂使用的是基于电子计算机和语料库而建立起来的电子卡片。正如美国词典学家Sidney I. Landau曾指出的那样：“在语言研究中，语料库是指以分析语言特征为目的而收集起来的文本集合。今天，当我们说到用于词典编纂的语料库时，大家都明白它指的是电子语料库……”（章宜华、夏立新，2005：298）利用电子卡片编纂词典不仅能够降低错误发生率，还可以节省大量的人力和物力，明显提高了工作效率并使词典编纂和出版的周期大大缩短。

到目前为止，我国词典界对于以语料库为基础的词典编纂基本上都持肯定的态度。大家普遍认为，利用语料库编纂词典在一定程度上可以更好地解决制约传统词典编纂的一些“瓶颈”问题，如资料的搜集整理和存储难度大，出版及修订周期长，词频的统计、义项的排列及新词的确定困难多，词目收入滞后，词义描述存在片面性，例证选取的主观性太强等。解决上述问题光靠词典学理论自身的发展是不够的，还要充分利用科技进步所带来的一切手段和成果，尤其是迅猛发展的电子计算技术。想要成功编纂一部俄汉科技术语词典，首先要搞好术语数据库的建设，从而为词典语料的收集作好充分的准备。利用术语数据库编纂俄汉科技词典自然会涉及词典编纂的自动化问题。

5.2 词典编纂的自动化

随着人类社会科学技术的飞速发展，词典编纂的技术和水平也随之提高。现今的科技术语词典编纂已经不仅仅包括纸介质词典的编纂，还涉及自动化术语词典和在线术语词典的编纂。有人曾把辞书载体的演变概括为三大阶段，即以纸张为载体的“火与铅”的传统阶段；以电子光盘为载体的“光与电”的现代阶段；以互联网和计算机为依托的“网与机”的未来阶段。其中第三个阶段正处于起步和发展阶段。与这三个阶段相适应的词典分别为印刷版、光盘版和网络版词典，当前词典编纂正呈现出多种载体并存的多元性特点。词典载体和编纂技术的进步与计算机在词典编纂领域的广泛应用密不可分。近些年来，计算机已经成为词典编纂与科学研究必不可少的工具和手段，与这一趋势相适应还诞生了一门新的应用语言学科——计算词典学，它主要研究编纂机器词典的方法及词典编纂自动化的方法等问题。由于人们对词典编纂自动化的要求不断提高，电子计算机介入词典编纂领域的程度也在逐渐加深，据此可以预测，计算词典学的发展前景一定会越来越广阔。

利用电子计算机建立术语数据库是实现术语词典编纂自动化的关键，那么术语数据库究竟是什么，它对于词典编纂又有何重要意义呢？我们不妨听听这方面的专家是怎么说的。我国学者冯志伟先生曾在其术语学专著《现代术语学引论》（1997：70）一书中给术语数据库下过以下这样一个定义：“存储在计算机中的记录概念和术语的自动化电子词典，叫作术语数据库。”他还指出：“利用电子计算机建立术语数据库，不但能够以极快的速度来处理概念体系极为复杂的术语数据，而且，还能够在计算机的存储介质上存储大量的术语数据，这就从根本上改革了传统的术语词典编纂技术，实现了术语词典编纂的现代化。”目前世界上现有术语数据库的总量已经多达几十个，其规模和功能各异，但是每个术语数据库都必须具备以下三种基本功能，分别是输入功能、存储功能和输出功能。除了这些共同的功能外，每个术语数据库还应该具有自己的特定功能。大部分术语数据库都是作为自动化的翻译词典和信息词典而建立的，一般都是由多种语言构成的，这对于编纂双语或多语术语词典来说是极其方便的。俄汉科技术语词典编纂完全可以在这种包括俄、汉两种语言的多语术语数据库的基础上，根据特定的目的并通过对已有数据进行精心的筛选、组织，从而形成所要编纂的词典类型。

由于术语词典具有清点和规范两种功能，术语数据库也可以分别执行这两种功能。如苏联的术语数据库 РОСТЕРМ 就是以执行规范功能为目的而建立的，而为了保障科技文献翻译建立起来的术语数据库一般具有清点的功能。所以在编写俄汉科技术语词典前，编者首先应该确定所编词典要执行哪种功能，以便于选择具有相应功能的术语数据库作为该词典的资料来源。术语数据库的强大功能，使得我们编纂高质量的俄汉科技术语词典具有了现实的可能。

5.3 词典编纂方案的制定与组织工作

词典编纂是一件很严肃、很复杂的事情，需要才干和耐心。在编写之前必须要制订详细具体的工作计划，拟定科学合理的编纂方案。一般情况下，词典编纂方案至少应包括如下九个方面的内容：词典性质、编纂宗旨、服务对象、词典规模、资料和蓝本、编纂体例、人员组织和领导体制、时间安排和出版设想。其中的前六个方面已经在本篇的其他各章中有所提及，第七个方面将在本部分以后谈及词典编纂的组织工作时具体阐述。这里的时间安排是指要说明词典的完稿时间，列出各阶段工作，如搜集资料、选定词目、编写样稿、初稿、定稿的具体时间表；出版设想就是要说明词典的出版单位以及有关开本、版本、版面、字体、发行方式等方面的初步设想。制定编纂方案是词典编纂前期准备工作的一部分，为词典的顺利编写奠定坚实的基础，提供工作的原则和依据。

对于词典编纂这种群众性的活动来说，编写组的成员构成也很重要，因为词典由哪些人编写，这些人的能力和水平如何直接关系到词典的质量。大体上说，参加一部词典编纂工作的各种人员可以划分为两部分：一部分是专业编纂人员，一部分是社会力量。专业编纂人员是自始至终担负日常编纂事务的人员；社会力量是临时被邀请来担负一部分有关工作的人员。专业编纂人员是整个编纂工作的骨干和核心，没有他们孜孜不倦而又成效显著的劳动，一部完整而又较理想的词典作品是根本不可能编纂完成和出版问世的。但是，词典编纂工作是一个集体性的事业，如果没有社会上从事其他行业的各种人员的积极配合，任何一部词典都极有可能会因此而黯然失色。所以，编纂俄汉科技术语词典也需要组织好精通俄汉两种语言并具有词典学相关知识的词典编纂人员以及通晓各种技术知识的专业人员，使他们通力合作，以保障词典编纂工作顺利有序地进行。需要指出的是，这里的“专业人员”指的是词典所涉及的各学科领域的专家。

以往的许多术语词典都是由学科专家或工程技术人员所编写的，他们是术语的实际运用者，对于术语问题他们拥有绝对的发言权，但美中不足的是，由于他们缺乏语言学和词典学等方面的相关知识，编出来的词典存在很多问题。因此，为了使词典的质量更高，就要严格把好编写班子的人员组成这一关，也就是不仅要广泛吸收社会力量，还要邀请懂得语言学和词典学知识的专业编纂人员来参加词典的编纂工作，二者缺一不可。

5.4　词典编者培训及词典用户教育

5.4.1　词典编者培训

词典作为一种工具，不仅是沟通各个国家、各个民族的桥梁，也是维系词典用户与词典编者之间关系的纽带。一部成功的词典作品就如同一件令人赏心悦目的艺术品，让人爱不释手，给人以美的享受。而一部不太好的词典作品则很容易遭遇受尽责备的悲惨命运。所以说，词典编纂工作是语言学工作中非常困难的一个领域，也是一项宏伟的系统工程。这必然要求词典编者具有较高的理论水平和丰富的实践经验。对词典编者的培训是提高词典编纂质量的一个重要措施，是辞书事业得以发展的可靠保证，也是培养后继人才的必由之路。

严格地说，词典编者应该学识渊博，具有百科知识。这是因为作为人们答疑解惑的工具书的词典集语言、文化、科学和日常生活等各个方面的词语和知识于一身，它应该具有知识性、科学性、实用性、规范性等一系列特点。一部词典从制定编纂方案到组织人员编写，再到最后完成出版，整个过程中不知会出现多少问题需要去一一解决，其中的编写工作更是词典编纂过程中的重中之重。这一切都要求词典编者除了已有的专业知识和技能外，还要具备多方面解决实际问题的能力，所以应该对词典编者的培训给予足够的重视。培养高水平的词典编者原则上是一个永无止境的过程，这就如同知识本身无穷无尽一样。在把词典编者培训成为词典作品的专业编纂人员的过程中，我们完全可以借鉴世界上其他国家在这方面的经验。

首先，词典编者应该掌握大学里开设的普通语言学、词汇学和词典学课程。较早推出的《词典学教学大纲》试图考虑词典学在当代的全部成果和方向，是一部较全面的教学大纲，于 1983 年由 Дж. Синклер 研究制定。最早讲授专门的“词典编纂”课的是在芝加哥大学任教的 В. Крейги，大概始于 1925 年。在这之前，当时大学里还没有开设词典学这门独立的课程，一些知名的学者只有通过自学的途径才能成为词典编者。这一途径直到现在对于深化自己的知识仍具有现实意义。尤为重要的是，词典编者的这种自学活动如果由有经验的词典编者的指导就更容易了。

其次，为了对词典编者进行培训，世界上许多国家都纷纷开办专门的词典学“学校”，既是针对一些初学者，也是为了提高年轻一代经验不足的词典编者的技能水平。这可能是两三周的短期讲习班、一两个月的夏季培训班，或者是资深词典编者的讲座（大师班）。如在美国的伊利诺伊大学、英国的埃克赛特大学、德国的埃朗根 - 纽伦堡大学，还有位于莫斯科的普希金俄语学院和维诺格拉多夫俄语学院，以及乌克兰的切尔诺夫策大学等学校均开设过这种词典学“学校”。

此外，为了提高词典编者的理论水平，许多国家还创办出版了一些专门的期刊杂志，这其中也包括我国的《辞书研究》以及《科技术语研究》（现为《中国科技术语》）和《术语标准化与信息技术》等期刊。这些期刊中刊登过不少讨论术语学和术语词典学理论与实践的文章，相信它们可以在俄汉科技术语词典编者的培训方面发挥积极作用。

无论是开设词典学课程，还是开办词典学“学校”，或者出版期刊杂志，都在词典编者的培训中起到了一定的积极作用。但是Дубичинский В. В. 仍指出，不应该把形式上的传统培训的效果理想化。他认为一个词典编者应具备的尤为重要的素质是他与生俱来的创造能力，做一个研究者的才能，对语言的感觉及愿意为这项事业献身以及在词典编纂领域中的基本实践经验相结合。（Дубичинский，1998：27）对于具备这些素质的词典编者来说，即使没有相关的学历，在编词典的过程中有时只要有资深词典编者的一些建议就足够了。

词典编纂工作是一种科学研究工作，要求编纂人员必须具备较高的思想水平和业务能力。词典编者需要具备的思想水平主要是指要充分认清词典编纂工作的长期性、复杂性和艰巨性，也就是要做好吃苦耐劳、甘于奉献的心理准备。所以，词典编者不仅要有挑战困难的勇气，更要有战胜困难的决心。此外，还应该有不求名利、甘于奉献的无私精神。所有这些都是当一个好的词典编者所必须具备的思想条件。但是，词典编纂也是一项专业性极强的工作，词典编者光有勇气、决心和奉献精神等思想条件是远远不够的，还需要有较强的业务能力，即一定的理论知识和实践经验。词典编者应该具备的业务能力首先是他们应该具有与编纂某部词典有关的专业知识。对于编纂俄汉科技术语词典来说，要求词典编者更加深入地了解某个或某些领域的基础知识和最新研究成果，以及该领域的发展动向。只有这样，编出来的词典才能更好地满足社会的需求。其次，词典编者应具有的另一种业务能力是掌握计算机科学的基本知识。因为随着计算机科学的发展，词典编纂所需材料的收集方式早已从过去的制作卡片发展到现在的创建语料库了。所以，俄汉科技术语词典的编者就要紧跟时代的发展，牢固掌握并熟练运用编纂科技词典所需要的术语数据库。这样一来必将给词典编纂工作带来很大的便利并大大缩短词典编纂的周期。此外，词典编者还应该具有较高的本族语修养，因为编纂俄汉双语科技词典避免不了对各种俄语术语进行翻译，如果给出的汉语对应词十分晦涩难懂，就会大大降低词典释义的质量，从而影响人们对整部词典的印象。

科学在发展，知识也在不断更新，词典编者也需要不断地学习，扩大知识总量，防止落后于时代的发展。所以对词典编者的培训也应加快脚步，与时俱进。为了促进词典事业的大发展，词典编者应努力做到一专多能，除了具有广博的知识外，还要树立强烈的事业心和高度的责任感，以词典用户的实际需求为己任。只有这样，才能使词典编纂事业在前进的道路上更上一层楼。

5.4.2 词典用户教育

词典作为一种商品，其销售对象是不同群体、不同类别的词典用户。如何充分发挥词典的社会功能，提高词典的使用效率，对词典用户的教育不失为解决这些问题的有效途径之一。

潘树广（1988：39～40）在论及辞书用户教育的文章中把辞书用户划分成两类，即当前用户和潜在用户，并对二者作了进一步的解释，他指出，“当代情报学把那些已经在利用图书情报机构提供的情报的用户称为当前用户；把那些本来应该利用这种情报但尚未利用者称为潜在用户”。潜在用户的需求是潜在需求。词典学理论研究者应该及时敏锐地发现这种潜在需求，并有责任力求使词典的潜在用户转化为当前用户。这种转化主要靠词典用户教育来实现。

词典用户教育的目的或预期想要达到的结果是使词典用户掌握以下

几项基本技能：学会选择适合自己使用的词典类型；了解在某部词典中能够找到哪些信息或者缺少哪些信息；能够在词典中查找到所需要的词汇单位；完全领会词典中提供的关于语言单位的各种信息等。

加强词典用户教育要努力做到普及与提高相结合，并且需要许多部门的相互配合，如出版界、教育界、科研机关以及图书馆、书店等，采取的方式可以灵活多样，不必拘泥于形式，只要有效就都可以拿来尝试。在词典用户教育问题上，我们不妨试着采取以下几种方法和措施，虽然未必行之有效、立竿见影，但至少可供参考。

1）首先应该充分发挥辞书出版机构的教育职能。出版社的编辑人员不能只顾埋头编书，在编书之余也要积极关心对词典用户进行教育的问题，否则词典潜在用户的数量很可能大大超过当前用户，那么编再多的词典又有什么意义呢？摆满了书店的书架也无人问津，到那时候人们只能是“望典兴叹”了。所以，辞书专业出版社或综合性出版社的辞书编辑室可以单独举办或与其他机构联合举办有关辞书知识的各种讲座，如果条件允许，也可以举办层次稍高一些的短期讲习班和培训班。

2）努力争取新闻单位的支持，利用一切可以利用的传播媒介，如广播电视、报刊杂志等广泛宣传和普及辞书知识。

3）出版社应与各大中专院校加强联系，特别要与高校里担任文献检索课教学工作的广大教师保持长期性的联系，因为主要参考工具书的内容、作用及使用方法是文献检索课的一项重要内容，所以教授这门课程的教师是从事词典用户教育的一支骨干队伍。如果各出版社能及时向这些教师提供辞书出版的信息、资料，必将对辞书知识的普及和新辞书的推广起到积极的推动作用。

4）出版社应与书店密切合作，定期为营销人员举办业务讲座，讲授辞书知识，介绍各种类型的辞书。

以上几点建议对于解决俄汉科技术语词典的用户教育问题也是基本

适用的，考虑到俄汉科技术语词典的用户主要是从事科技语篇俄译汉工作的翻译人员、科研人员以及高校教师与学生等，因此对该类型词典的用户进行教育，一方面，除了向他们介绍有关词典的各种知识外，术语学方面的知识也是必不可少的，这是由科技词典的性质和类型决定的。另一方面，每一部俄汉科技术语词典的前言和凡例都有可能成为对该类型词典用户进行教育的最佳素材，因为词典的这些前页材料里包含了对词典性质、宗旨、收词范围和使用特点等方面的具体说明，可以使读者对词典有一个总体的认识和了解，并使他们在熟悉词典体例的基础上快速在词典中查找到所需要的信息。可以说，词典的前言和凡例是对词典用户进行教育的最直接的方式之一，也是最有效的方法之一。

下篇 03

汉俄科技术语词典的编纂理论与实践

第1章

汉俄科技术语词典编纂实践与理论研究状况

1.1 汉俄科技术语词典编纂实践与理论研究状况

双语词典是联系两个民族的桥梁。在中俄两国悠久的交往历史中，俄汉与汉俄词典均发挥着重要作用。当今社会是一个科学技术高速发展的社会，特别是信息技术的发展加快了国际一体化的进程，国家之间、地区之间的联系更加紧密。中俄两国自建立战略合作伙伴关系以来，各领域的交流与合作进一步加强，科技合作的比重也越来越大。为了更好地做好两国的科技交流工作，必要的工具书，特别是包括汉、俄两种语言的科技术语词典也是必不可少的。事实上，包含汉、俄两种语言的双语语词词典的编纂历史与两国交往的历史一样悠远，其数量和质量也比较令人满意。然而谈及科技术语词典，尤其是汉俄科技术语词典的编纂实践和理论研究却不尽如人意，存在许多亟待解决的问题。

对于我国俄语学习者和工作者来说，俄汉词典是解码型词典，而汉俄词典则是编码型词典。也就是说，俄汉科技词典更多的是用于阅读过程中理解俄语语篇，而汉俄科技词典用以构筑俄语文本。在现阶段，最常用的汉俄科技词典主要有两部：一部是1992年出版的《汉俄科技大词典》（上下卷，黑龙江科技出版社），收入包括理、工、林、医等150种左右学科专业的约50万词条；另一部是1997年出版的《汉俄科技词典》（单卷本，商务印书馆），共收入汉语科技术语7.5万条，涉及40余门学科。其中后者由两国出版社合作出版，分别在中国和俄罗斯联邦发行，供两国词典用户阅读、翻译中国科技文献时使用。从两部词典的收词看，均属于大中型综合型汉俄科技术语词典，正是本篇研究的主要对象。然而，处在信息时代、知识爆炸、术语爆炸这样一个大的时代背景下，汉俄科技词典无论是从数量上抑或是在质量上都无法满足当今社会的需求。据有人统计，仅化学方面的术语就达100万个，而新近发展迅速的电子领域的术语可达400万之多。与之相比，这两部词典在实际工作中只能是杯水车薪，遇到专业性较强的术语又不得不求助于专科词典。然而，我国的汉俄专科词典也少之又少，其中也有不少问题，关键时刻根本派不上用场。所以，迫切希望编纂出高质量的综合型汉俄科技术语词典。

要想编纂出高质量的词典，科学的编纂理论是正确实践的先导。从传统的词典编纂过程看，词典编纂的实践活动往往先于理论的建构，汉俄词典（包括科技术语词典）的编纂理论亦如此。加之汉俄科技术语词典凤毛麟角，相关的专著和文章更是鲜见。这也成为本书研究的一个主要困难，相关工具书和文献有限，所能参考的资料甚少。根据《二十世纪中国词典学论文索引》（上海辞书出版社，2003）数据统计，其中收入的从20世纪50年代以来的词典学论文，涉及汉、俄两种语言的共有168篇，关于俄汉词典的有148篇，有关汉俄词典的有20篇，比例约为7：1。而其中科技术语词典，涉及俄汉科技术语词典的论文有7篇，汉俄科技术语词典的论文仅有1篇（见：王忠亮．《汉俄医学大辞典》中医中药词条译编体会．现代外语．1992年第1期)，且属于专科（单科）术语词典的评论性文章，两者的比例仍是7∶1。相似的统计比较结果是偶然，但反映的问题却是事实。以上数据一方面说明汉俄词典，特别是汉俄科技术语词典编纂理论研究比较落后，另一方面说明汉俄词典，尤其是汉俄科技术语词典编纂实践有待于加强。除上面提到的两部大中型综合型汉俄科技术语词典外，汉俄专科词典的数量也是屈指可数。词典编纂和理论研究的现状，很难指导编纂出高质量的汉俄科技术语词典。

1.2　汉俄科技术语词典编纂问题研究的目的和意义

当今社会是一个科学技术、信息技术迅猛发展的社会，科技术语及术语词典的研究愈来愈受到重视。然而，包括汉、俄两种语言的术语词典，尤其是汉俄科技术语词典的编纂理论和实践还远不尽如人意。

虽然科技术语词典编纂实践有相当长的一段历史，但是仍存在一些不足之处：术语词典类型划分得不完善；有些术语词典试图一劳永逸地在一本词典中结合多种功能；筛选术语缺少统一的标准，时常带有一定的偶然性和主观色彩；立目按字母排序无法展示术语的概念系统；在进行术语选择、描写时，缺乏系统性；多义词、同义词和同音词等现象的大量存在使译者的工作复杂化，甚至会误导译者，造成翻译错误；术语的定义不明确，要么只提供译语对应词，要么只给出简单的描述性定义；词典缺少必要的参引和注释等。这些不足之处在现存的几部汉俄科技术语词典中都有不同程度的反映。

汉俄科技术语词典编纂理论研究主要是词典学、术语学和术语词典学的研究对象，但对编纂具体的汉俄科技词典，这些学科及理论却显得力不从心。与此同时，科技术语词典的主要应用领域是科技翻译。中俄两国各项事业交往密切，科技交流与合作十分频繁。然而，现存包括汉、俄两种语言的科技词典，特别是汉俄科技术语词典，并不能满足实际工作的需要。这将直接或间接影响两国在科学技术领域交流与合作的水平和质量。究其原因，关键在于编纂理论不够完善，缺乏科学的、统一的编纂原则作指导。这将导致词典信息量的丢失，降低词典的使用效率，难以对词典作出比较客观的评价。所以，建构科学合理的理论框架是十分必要的。马克思主义哲学认为，实践决定认识，认识能够指导实践。科学的理论是正确实践的先导，能够引导和指导实践活动的进程，推动人们在实践中开拓创新。本篇旨在分析现存汉俄科技术语词典中存在的若干典型问题，对该类型词典的编纂理论进行初步探索，阐释汉俄科技术语词典宏观结构和微观结构的主要参数信息，构建该类型词典编纂的基本理论框架，以期能为今后该类型以及相关类型词典的理论研究和编纂实践提供一定的理论依据。这将有利于词典的评价和编纂工作的进行，有利于促进词典编纂实践的发展，促进中俄两国科技的进一步交流。

1.3 开展汉俄科技术语词典编纂研究的理论依据及基础

词典学具有较为明显的综合性学科性质，研究涉及语言学中的诸多学科，如语义学、词汇学、语法学、修辞学等。而汉俄科技术语词典编纂问题研究不仅涉及一般的词典学理论，它与术语学、术语词典学、翻译学等学科都有着密切的联系。

首先，“一部好的、有用的词典，其基础是好的理论”，（兹古斯塔，1983：16）要想编写出高质量的汉俄科技术语词典就要有明确的理论意识，词典学及双语词典学理论的指导自然应排在首位。据考证，双语词典的编纂实践活动至今已有4000多年的历史。然而，自谢尔巴（Л. В. Щерба）院士于1940年发表词典学理论的开山之作《词典学一般理论初探》（Опыт общей теории лексикографии）之后，词典学才拥有了自己明确的研究对象、任务、方法和理论原则，逐步发展为一门独立的学科。

在词典学研究方面，俄国的词典学理论研究和编纂实践始终处在世界的领先地位，一批批杰出的词典学家，如 В. И. Даль, С. И. Ожегов, В. В. Виноградов, О. С. Ахманова, И. А. Мельчук, Ю. Н. Караулов, Ю. Д. Апресян, С. В. Гринёв, П. Н. Денисов, Н. Ю. Шведова, В. Н. Ярцева 等，创作了大量的优秀词典作品。

在我国，词典学研究也取得了较快的进展。《辞书研究》是辞书学的专门刊物，自1979年创刊以来，刊登了大量高质量的词典学学术论文，对各类词典的理论研究和编纂实践进行理论上的阐释和梳理，其中也不乏科技词典编纂理论方面的文章。除此之外，我国出版了多部有关词典学的理论专著，如胡明扬等著的《词典学概论》（商务印书馆，1982），黄建华的《词典论》（上海辞书出版社，1987）及其修订版（2001），黄建华、陈楚祥合著的《双语词典学导论》（商务印书馆，1997），章宜华的《语义学与词典释义》（上海辞书出版社，2002），雍和明的《交际词典学》（上海外语教育出版社，2003），郑述谱的《词典 词汇 术语》（黑龙江人民出版社，2005），张金忠的《俄汉词典编纂论纲》（黑龙江人民出版社，2005）等一系列重要著述。此外，还出版了一些词典学研究的论文集，如《中国辞书论集》（上海辞书出版社，1997），《双语词典研究》（上海外语教育出版社，2003），《双语词典新论》（四川人民出版社，2007）等论文专集。在为2007年举办的中国辞书学会双语词典专业委员会第七届年会编辑出版的会议论文集《双语词典新论》（四川人民出版社，2007）中，论文《对建构汉俄科技术语词典编纂理论的思考》简明扼要地阐述了汉俄科技术语词典编纂理论研究的整体思路。

其次，综合型汉俄科技术语词典的词表由不同专业学科的术语构成，其编纂理论研究自然也成为术语学及术语词典学的研究对象。俄国的词典学理论研究和编纂实践一直令学术界关注。随着科学技术的不断发展，术语学成为俄国语言学研究新的学科增长点，洛特（Д. С. Лотте）、德列津（Э. К. Дрезин）、维诺库尔（Г. О. Винокур）、列福尔马茨基（А. А. Реформатский）等的论著为俄罗斯术语学的创立及发展奠定了基础，俄罗斯的术语学派成为世界四大术语学派之一。与此同时，具有远见卓识的一些学者将词典学与术语学不失时机地结合起来，形成了一个新的交叉学科——术语词典学，其理论研究和编纂实践也取得了令人瞩目的成就。但涉及具体的汉俄科技术语词典，在实践上尚付阙如，在理论上也未曾有过具体的研究。虽然没有现成的汉俄科技术语词典理论供我们参考，但是已取得的丰硕成果足以给我们的研究提供大量的依据。1986 年出版的《科技术语词典学原理》（Основы научно-технической терминографии）是盖德（Герд А. С.）的代表作，其中阐述了不同种类术语词典的编纂原则，包括术语词典的语料来源、词表的构成、释义的方式；提出了在科技术语词典学领域应用电子计算机问题；主张术语词典的编纂工作应由不同科技领域的工作人员与词典编者共同进行；为术语词典划分类型，确定了综合性术语词典的跨学科性质；马尔丘克（Ю. Н. Марчук）的《术语词典学原理》（Основы терминографии）于 1992 年出版，这是一本为初涉术语工作和术语词典编纂人士编写的教科书，提出了术语词典学的问题和任务，介绍了术语学的基本概念，阐述了现代术语词典的结构，特别关注术语工作计算机自动化的前景；格里尼奥夫（С. В. Гринёв）的《术语词典学引论》（Введение в терминографию）于 1995 年问世，也是一本关于术语词典学理论与实践的教材。书中提出并阐述了有关专业词汇词典（包括详解、翻译、教学和信息技术词典）的编纂理论和实践问题，术语的评价、编辑和描写问题，以及设计和建构术语语料库问题；分析了术语词典的结构（宏观结构和微观结构）特点，并指出专科词典编纂的一般原则和有效的方法。还有一部科技术语词典论文集《科技术语词典学的理论与实践》（Теория и практика научно－технической лексикографии）中也有专文《术语词典学理论原则》（Принципы теории терминографии）讨论术语词典学的理论原则，其中对术语的清点与整顿、词典结构、词典参数的划分、词典分类等原则提出了一些独到见解。

随着术语学和术语词典学研究的不断升温，国内的一些学者也将目光转向此，或发表文章或出版专著推出自己的研究成果。其中较为突出的有：第一部由我国学者编著的术语学专著《现代术语学引论》于1997年问世，作者冯志伟系统介绍了现代术语学的基本理论，如术语的特点、概念和概念系统、术语的定义、术语标准化、术语数据库等理论和实际应用成果；郑述谱的著述《当代俄罗斯术语学》于2005年由商务印书馆出版发行，详细阐述了俄罗斯术语学派的发展历程与理论建树，侧重论述了术语学及术语词典学理论产生与发展的一般情况。然而，仅有这两部专著还是远远不够的，关于汉俄科技术语词典编纂理论建构的著述仍是空白，即使有相关文章，也多涉及专科（单科）术语词典，是零散的，不成体系的，散见于《辞书研究》《科技术语研究》（现更名为《中国科技术语》）和《术语标准化与信息技术》。

在进行词典学研究时，首先要探讨的是词典类型划分问题，术语词典学也同样如此，可以说这是解决词典编纂其他问题的前提。新世纪初期，论文《双语专科词典的性质和类型》（王毅成，2000）为我们提供了一种划分科技术语词典的思路。文章《新世纪双语词典编纂工作发展新趋势》（征钧、冯华英，2001）通过对国内外词典的考察，提出了新世纪双语词典编纂的几个发展趋向：图像化、符号化、简约化、电子化。汉俄科技术语词典也应跟上新世纪双语词典前进的步伐，共同进步。与此同时，《俄语类双语词典发展的世纪回顾》一文，则为我们敲响了新世纪俄语类双语词典，尤其是科技术语词典编纂的钟声，其中也包括汉俄科技术语词典，作者指出："肯定成绩的同时也要看到不足。"（陈楚祥，2001：9）因此，有必要认真思考如何建构一套比较科学的、完备的汉俄科技词典编纂理论框架。

第三，谢尔巴在阐述词典学一般理论时，将词典学理论研究中最重要的问题——词典类型，划分了六个对立面，其中有三个对立面都提到了翻译词典，主要针对的就是双语词典。因为双语词典编纂最初源于翻译活动的需要，是操不同语言各民族之间交往的便捷桥梁，所以双语词典的编纂理论研究也要在翻译学理论框架下进行。除了传统的翻译学理论著述，《翻译与词典间性研究》（上海译文出版社，2007）为我们的研究打开了一条新的思路。所谓间性研究，"是要探索不同民族、不同文化、不同力量范式和不同批评话语之间在历史语境中的约定性、相关性和相互理解性，从而找出联系和认同的可能性与合法性"。（陈伟，2007：15）我们认为，该研究方法倾向于但又不同于对比研究，它将"翻译"与"词典"建立起一种沟通式的交互作用关系，突显的是差异、关联、和谐与互动的多元关系。首先，翻译与词典的间性联系体现在"意义"的本质上，因为翻译"译"的是意义，词典提供的也是意义；其次，翻译与词典相互作用。一方面，词典编纂产生于翻译实践之中，而翻译实践是词典所应用的主要领域，因此两者相互促进，共同发展；另一方面，翻译实践离不开词典的帮助，但又不能完全依赖词典。

21 世纪是信息时代，是知识经济时代，科技术语词典成为科技交流与合作的重要工具，广泛应用于科技语篇的翻译中。科技翻译，概略地说，是以传达科学信息为主的翻译活动。（黄忠廉、李亚舒，2004：

1）汉俄科技术语词典主要用于将汉语语篇翻译成俄语，既可以向俄罗斯介绍中国的先进科学技术，也可以与俄罗斯进行科技交流与合作。既然是科技术语词典编纂理论的研究，在这里主要参照的自然是科学翻译学。

科学翻译学，从上个世纪90年代提出至今，在近20年的发展过程中，取得了较大的成绩。理论研究不断深入，理论体系逐步完善，理论研究的队伍也在不断壮大，理论研究成果相继问世。值得一提的是，21世纪初出版的专著《科学翻译学》（中国对外翻译出版公司，2004）可谓科技翻译研究领域的上乘之作，具有很大的参考价值。著作中有关术语翻译、术语规范、科学词典译编、机器翻译研究等理论都可以作为本篇翻译学的理论基础。

纵观国内外的研究，诸多理论著述与论文研究层面较为广泛，观点较为新颖，着实可为本篇的研究提供良好的理论依据和资料准备。然而，令我们遗憾的是，不论是词典学，还是术语学，抑或是翻译学，还未来得及关注具体的汉俄科技术语词典编纂的理论问题。缺少汉俄科技术语词典的编纂理论，这是制约编纂出高质量、实用的汉俄科技术语词典的"拦路虎"，也自然成为阻碍汉俄科技术语语篇俄译的"瓶颈"。（张金忠，2007：228）所以，我们认为，有必要尽快搭建起汉俄科技术语词典编纂理论研究的基础框架，建立科学、合理的宏观结构和微观结构，着力研究汉俄科技术语词典的宏观及微观结构的各个参数。

第 2 章

汉俄科技术语词典类型界定

词典是一种汇集语言、科学文化和日常生活等方面的词语和知识，按一定的方式编排，以备查检参考的工具书。（胡明扬等，1982：3）它在人们的学习、工作、生活中发挥着重要的作用。当人们在日常生活中遇到超越自己知识范围的东西时，就经常求助于词典，通过查检得到他们需要的知识。所以，人们常以感激的心情将词典称作“不开口的老师”，能随时准备为求知者“传道授业解惑”。正因为如此，“词典”一词戴上了无比荣耀的光环，光环上闪烁的光芒则意味着“权威、学问和准确”。（章宜华、夏立新，2005：6）发展辞书事业成为每个国家文化产业中不可分割的一部分。

近几十年来，随着信息技术和经济全球化的发展，越来越多的国家认识到，科学技术已成为发展的第一要义。但是，“科学技术的进步没有术语词典的出版是不可想象的”。（Марчук,，1992：4）古语说：“工欲善其事，必先利其器”。科技是第一生产力，科技术语词典就是发展科技的“利器”。本篇所研究的对象汉俄科技术语词典同样也是科技术语词典集合中的重要元素。为更好地研究汉俄科技术语词典编纂理论，建立理论框架，首先要对汉俄科技术语词典作一下类型界定。С. В. Гринёв（1995：15）认为，这是“研究词典编写方法首先要解决的问题”。

2.1　词典的类型

词典类型问题一直是词典学研究的一个重要方面，也是解决诸多词典问题的关键所在。苏联著名学者 Л. В. Щерба 院士在《词典学一般理论初探》一文中，将词典类型划分出六个对立面：

1. 学院型词典和查考型词典；
2. 百科辞典和普通词典；
3. 大全型词典和一般词典（详解词典或翻译词典）；
4. 一般词典（详解词典或翻译词典）和概念词典；
5. 详解词典或翻译词典；
6. 非历史型词典和历史型词典。

其中，有三个对立面都涉及了翻译词典，主要指的是双语词典。因为双语词典是两个民族交流的桥梁，是人类知识与文明传播的工具，因此，翻译词典（双语词典）在词典行列中占有极其重要的位置。然而，随着词典品种的日益多样化，词典家族出现了频率词典、构词词典、词素词典等类型词典，这些词典在 Л. В. Щерба 的分类中却不能找到合适的位置。由于“语言形式的功能及其意义……是多种多样枝蔓纷繁的，因此词典也有多种不同类型就不足为怪了”。（兹古斯塔，1983：272）于是，世界上许多著名的词典学家，如捷克的兹古斯塔（L. Zgusta）、法国的凯马达（B. Quemada）和瑞（A. Rey）、沙特阿拉伯利雅得大学教授阿尔-卡西米（Ali M. Al-Kasimi），以及我国的黄建华等，均对词典类型的划分问题进行不断的研究和探讨，提出愈加详尽的分类标准。

在俄国，继 Л. В. Щерба 之后，最有影响的是蔡文（А. М.

Цывин）的分类模式。它是由八条按不同区分特征确定的二分法的分类表组成：

序号	区分特征	词典类型
1	词典右项与左项的关系	单项词典
		双项词典
2	条目的排列法	按字母顺序排列的词典
		不按字母顺序排列的词典
3	条目的组成	词词典
		语典
4	条目选择的性质	大全型词典
		非大全型词典
5	反映的对象	一般词典
		专门词典
6	词典过程的反映	共时词典
		历时词典
7	词典的宗旨	教学词典
		查考型词典
8	左项中词的类别	专有名词词典
		普通名词词典

从上表我们可以看出，这种分类法比此前的分类法具有涵盖面更广的区别功能。当代语言学家格罗杰茨基（Б. Ю. Городецкий）将词典的分类特征作了新的归纳，提出 20 个方面（转引自郑述谱，2004：71）：

1. 词典只反映描写单位的形式信息还是也反映其语义信息；

2. 词典反映语言哪一层面的信息总汇，例如，这里可以划分出词汇语义层面或者词素语义层面，两个层面又都可以从聚合关系与组合关系作进一步的区分；

3. 词典是规范性的还是描写性的；

4. 词典包括怎样的时限；

5. 词典反映的是言语的总貌还是某一社会地域的亚语言；

6. 语言（亚语言）词汇的收入幅度；

7. 对描写的语言单位提供哪些语法信息；

8. 采用哪些修辞标注；

9. 词典使用哪种类型的释义方法；

10. 是否收入百科信息；

11. 是否解释描写单位的理据性；

12. 在多大程度上考虑语义关系；

13. 是否在语境中展现描写单位；

14. 是否指出描写单位的产生历史；

15. 是否标明描写单位及其意义的数量特征；

16. 描写单位的排列次序是怎样的，是按形式原则（如按字母表顺序）还是按语义原则；

17. 词典是否有索引；

18. 是否提供所谓元语言学信息，例如，研究历史、不同的论述等；

19. 是否将描写单位及其意义与亲属语言作对比；

20. 是否将非亲属语言材料作类型学的比较。

在此之后，卡拉乌洛夫（Ю. Н. Караулов）又提出了67项分类标准。限于篇幅，恕不一一列举。与Л. В. Щерба的六个对立面相比，这些分类标准确实更加深入细致。但是，对于现今层出不穷、不断花样翻新的各类词典来说，仍不能将所有的词典类型囊括其中，而且一部词典也不可能同时满足所有的标准。

2.2 汉俄科技术语词典的类型

在这里，我们主要探讨的是汉俄科技术语词典的类型问题。如果按照上面的分类法，在Щерба Л. В. 的词典类型划分中，它应属于翻译词典；在Цывин А. М. 的分类模式中，它应属于双项、大全型、专门、查考型词典；在Городецкий Б. Ю. 的分类标准中，它应反映术语的形式信息，属于规范性词典，对术语提供必要的语法信息，具有不同形式的释义方式，还应解释术语的理据性，指出术语的产生历史，按合理的次序排列，有必要的索引等。虽然这些词典分类标准在词典类型学中都占有重要地位，但只能对汉俄科技术语词典进行类型的描述，并未能划分出明显的词典类型。我们认为，它们并不是汉俄科技术语词典最合适的分类方法。词典类型的划分十分复杂，其界限有时很难确定，时常伴有交叉现象，分类标准亦如此，但是，无论是何种分类标准，都具有一定的倾向性。本篇所研究的汉俄科技术语词典更倾向于双语科技术语词典，试以此为基础进行词典的类型界定。

在对汉俄科技术语词典的类型进行界定时，首先要探讨一下双语科技术语词典的性质和类型。一般来说，双语词典可划分为双语语文词典和双语专科词典两大类。与双语语文词典相比，最大的不同是在收词方面，双语专科词典不收普通词汇，主要以专科词语（包括专门术语和专有名词）为收词对象，而且要有系统性。黄建华（2001：154）将双语专科词典大致分为三类：半双语专科词典、综合型的双语专科词典、选择型的双语专科词典。其中，半双语专科词典这个名称是黄先生自己命名的，指的是供各专业人员学习原语用的常用词汇、常用词词典；综合型的双语专科词典所收词目范围较广，突出的是综合性、多学科；选择型的双语专科词典的内容极专，大多是双语单科词典。按照这种分类法，我们可以把汉俄科技术语词典确定为综合型的双语专科词典。

随着科学技术的迅猛发展，术语在现代语言中的数量及其作用与日俱增。有人统计，在19世纪中期，建筑术语有15000~20000个；到20世纪初期，达到30000~35000个；到20世纪70年代初期，大约增至150000个；而到20世纪末时，建筑术语已将近250000个，几乎平均每25年增长1倍。（Гринёв，Лейчик，，1999：1）Марчук Ю. Н. 在其《术语词典学基础》一书中所引统计数字更为惊人，据统计，上世纪初德语中的科技术语约350余万个，而今仅电子领域的术语词就达400万个之多。（转引自陈楚祥，1994：20）随之而来，相应的术语词典也逐渐增多。有学者提出，词典的分类已经从百科词典与语文词典的“二元对立”之势过渡到了百科词典、语文词典与术语词典的“三足鼎立”的态势。（郑述谱，2006：6）为适应科技工作者和专业翻译工作者的需要，许多国家都在大力编纂出版单语或双语（多语）术语（或专科、百科）词典。术语词典不同于语文性词典，同时也有别于专科、百科词典，因为纯粹的术语词典原则上应只收入术语，而后者除适当收入一些术语外，还收入专名等，其类型的划分也应有所不同。俄罗斯著名术语学者列依奇克（Лейчик В. М.）为术语词典提出的区别特征共有六项，它们分别是：1）题材内容；2）左、右项的内容；3）词目排列；4）目的与功能；5）所含语种；6）新词。（转引自郑述谱，2005：258）虽然区别特征的数量少，但对于术语词典来说，都是最有代表性的。除此之外，术语词典按收词内容分综合型和专科型；按语种分单语、双语、多语；按规模分大中小型，此外还有特种术语词典，如机器翻译词典、自动化信息词典等。顺应时代潮流，词典的命名也应与时俱进，双语专科词典也可以改称双语科技（术语）词典。

除此之外，还有必要界定一下“科技”一词。“科技”是一种汉语语言现象。（刘怡翔，2006：32）在英语中，science（科学）和technology（技术）各自都是完整的多音节词，不可能抽取出“科”和“技”这样的部分，只能把它翻译为“科学和技术”（science and technology），而不可能翻译为“科技”。但是在汉语中，作为表意文字的汉字，字即是词。所以，“科技”一词既不是将科学和技术混为一谈，也不是合二为一。它形式上是“一”，实则是“二”。所以，我们这里的“科技”是广义的科学与技术。特别要指出的是，科学既包括自然科学，也包括社会科学。在本篇研究的汉俄科技术语词典中，“科技术语”收词则以自然科学为主，兼收社会科学术语。

第3章

汉俄科技术语词典编纂概略

3.1　汉俄科技术语词典编纂简况

中俄两国交往历史悠久，包含汉、俄两种语言的双语语词词典的编纂历史与两国交往的历史一样悠远。在俄国，华俄词典的编纂历史可追溯到18世纪初。（萨夫罗诺夫，1988：102）起初的汉俄词典主要是俄罗斯的汉学家们在研究中文和实际工作中积累词汇编写的。学生在学习中国文字和词汇初期，也经常会用教师自编的词典。之后的词典内容不断得到充实，应用也更加广泛，但主要还是用于汉语教学和汉学研究。比较有影响的汉俄词典有：1952年出版的《华俄词典》（鄂山荫主编），曾经风靡一时，这是一部以现代汉语为基础的汉俄语词词典，直到今天仍具有较大的实用与研究价值；60～70年代间出版的《汉俄词典》（牧德落夫主编）在一定程度上适应了当时现代汉语词汇的飞速发展，在词典行列中占有一席之地，直到1982年，《华俄大词典》（即新版《华俄词典》）出版，它的价值才有所降低。

在我国，直到1977年，由国人编纂的第一部《汉俄词典》（上海外国语学院编，商务印书馆出版）才横空出世。这部词典不仅填补了我国汉俄语词词典的空白，在俄国也成为众多汉学家研究汉学、阅读汉语文献时经常使用的工具书。在此之后，在夏仲毅教授主编的《汉俄词典》基础上经过删节、加工而编成的简明《汉俄小词典》（商务印书馆，1980），李纯玉等人编写的《大汉俄词典》（吉林人民出版社，1993），张后尘、李秀中主编的《新汉俄实用词典》（辽宁教育出版社，1997）等相继出版并得到广泛应用。在“九五”期间（1996～2000），《汉俄大词典》（顾柏林主编，上海外语出版社）被列入国家重点图书规划出版项目。中外专家编者认为，该词典具有很高的学术价值，出版后必会产生明显的经济和社会效益。在“十一五”期间（2006～2010），国家重点图书规划出版项目《新时代汉俄大词典》（顾柏林主编，商务印书馆）和《新世纪汉俄大词典》（张后尘、那纯志主编，外语教学与研究出版社）成书出版后，必将对我国的对外交往、俄语和汉语的教学与研究以及词典的编纂等起到积极的推动作用。

在汉俄科技术语词典的编纂状况方面，根据萨夫罗诺夫（1988：102～108）提供的资料，从19世纪30年代开始至20世纪80年代的近150年时间里，中俄两国出版了多部汉俄词典，但在其中竟然没有提到一部汉俄科技词典。然而，在20世纪上半叶，在我国出版的7部俄汉、汉俄词典中，《华俄合璧商务大字典》（程耀辰编译，哈尔滨广吉印书馆，1917）当属汉俄科技词典，不过在当时的时代背景下，它的收词并不局限于商务用语，还兼收大量的普通词汇。据涂尚银（1989：261）提供的资料，1959年苏联科学院科学技术情报研究所出版了一部《中俄科学技术词典》（Китайско-русский словарь научных и технических терминов），收词32000条，是一部小型综合型汉俄科技词典。另有莫斯科国家外贸出版社分别在1962年和1963年出版的《汉俄普通经济学和对外贸易词典》（Китайско - русский общеэкономический и внешнеторговый словарь ）和《汉俄、俄汉进出口商品词典》

（Китайско – русский и русско – китайский словарь экспортно – импортных товаров），均属于小型汉俄专科词典。（涂尚银，1989：222～223）这一方面说明萨夫罗诺夫本人掌握该领域知识不够全面，另一方面也说明该类词典的确凤毛麟角。此后，两国相继编纂出版了一些汉俄科技类词典（多数为专科词典），如1994年由吉林文史出版社出版的《汉俄经贸大词典》；2005年由俄罗斯词典家编著的《汉俄法学词典》（Китайско–русский юридический словарь）等。

在我国，俄语类双语词典的繁荣发展是在新中国成立后。与其他类词典相比，汉俄科技术语词典的编纂实践却始终不容乐观。由于50年代的“俄语热”，许多地方掀起学习俄语的浪潮，一些学者开始着手编纂俄语类词典。为满足当时社会主义建设的迫切需要，我国先后出版了一些词典。但是，新中国成立初期，政治、经济、文化各项事业百废待兴，又没有专业的词典编纂队伍，编纂的词典多属小型俄汉词典，且科技词典均为专科词典，至于汉俄专科词典尚为空白，更不用提大中型综合型汉俄科技术语词典了。到了60年代，随着国民经济的发展，各项事业稳步前进，俄语类词典的出版仍有增无减，而且专科类词典出版渐多。俄汉专科类词典的专业覆盖面更加广泛，不仅限于农林、石油、理化、动植物、生态，一些专业出版社出版了地理、气象、医学、冶金、农机电气化方面的词典。此时，汉俄科技词典也有突破，汉俄专科词典有《汉俄科技常用词汇》《中俄英对照外汇业务常用词汇》《俄汉汉俄对照语言学名词》等。60年代中期至70年代中期，我国各项事业停滞不前，整个辞书业也受到严重影响。改革开放以来，辞书出版呈现百花齐放的繁荣景象，其中也包括俄语类双语词典，数量可观，种类多样。在科技类词典方面，除理工农林医等俄汉专科词典外，还出版了一些不同规模的综合性词典，如《大俄汉科学技术词典》（辽宁科学技术出版社，1993年）、《俄汉科技大词典》（商务印书馆，1990年）等。在汉俄科技词典方面，出版了我国第一部《汉俄科技大词典》（上下卷，黑龙江科学技术出版社，1993 年），这是一部大型综合型词典。正如著名学者周培源在为其所作序言中所言："这部大辞书的问世反映了我们时代国民经济繁荣的需要，并为我国辞书宝库增加了新的财富。"此外还有一部《汉俄科技词典》（单卷本，商务印书馆，1997 年），是一部中型综合型词典。这些词典的出版在不同程度上推动了中俄经济技术、科学教育等领域的交流，并发挥了重要作用。但是，仅有这两部词典在科技迅猛发展的今天是不够的，况且，在这两部词典中存在一些亟待解决的问题。所以，有必要对汉俄科技术语词典中存在的问题进行分析和研究。我们认为，澄清这些问题对于提高词典质量、完善词典编纂理论体系有着重要的现实意义。

3.2 汉俄科技术语词典的若干典型问题

陈楚祥（2001：1～9）在回顾20 世纪（主要发展阶段是20 世纪后半叶）我国俄语类双语词典的发展历程时，总结了该类词典编纂理论和实践的丰硕成果，也指出了俄语类双语词典存在的几个主要问题：一是质量问题，50 年代以来所出的词典虽有上乘之作，也不乏质量平平的作品；二是无序状况，既有重复（如成语、新词等词典），也有缺门（如义类、非完全等值词等词典）；三是开拓创新不足，尤其是专科类词典，基本上都是双语词汇对照模式，缺乏必要的诠释、注解与图解；四是存在薄弱环节，如汉俄词典的出版及其编纂理论的研究。陈先生所言极是，汉俄词典编纂的确是俄语类双语词典的一个薄弱环节，而汉俄科技术语词典编纂的理论和实践可谓是弱中之弱，除上面指出的问题外，还存在其他一些不足之处。

在俄罗斯学者 Гринёв С. В.（1995：10 ~ 11）的术语词典学著作《术语词典学引论》中，列举了术语词典编纂中存在的一些典型问题，如术语词典类型不完善；术语的筛选缺少统一的标准，带有一定的主观性和偶然性；选词按字母顺序排序无法展示术语的概念体系；在进行术语选取、描写时，缺乏系统性；多义词、同义词和同音词等现象的大量存在致使出现不恰当的术语翻译方法，给译者的工作造成较大麻烦，甚至会误导译者；词典信息的组织和内容与词典的宗旨不符；词条内部信息的组织与标注和参引的选择缺乏一致性；许多术语词典中术语意义的定义尚不能令人满意；词典缺少必要的索引等。我们发现，这些类似的问题在我国的汉俄科技术语词典中也或多或少地存在。本节主要以《汉俄科技大词典》和《汉俄科技词典》的材料为例，分析汉俄科技术语词典中存在的若干典型问题。

1. 收词缺乏统一的原则，立目无系统性

在编写科技术语词典之前，编者们首先要面临的问题是收词立目问题。它将解决科技术语词典收入哪些术语，不收哪些术语，如何安置收入的术语等一系列问题。然而，由于缺少统一的收词原则，所收科技术语往往带有主观性和随意性，致使遗漏一些重要的术语，大量不必要的语言单位和词汇材料占据了词典的宝贵空间。既然是科技术语词典，收录的语言单位只能是各个学科的专业术语，如果是专科（单科）词典则只收本专业的科技术语，其他学科术语及普通语词一律拒之门外，以保证专科词典的“专”，因为很少有人在遇到普通语词时，而舍近求远去查询科技术语词典。专科词典收入普通语词既浪费词典篇幅，又影响科技术语词典的专业性和科学性。如果医学术语“梦 mèng〈医〉сон”可以顺理成章地收入《汉俄科技词典》，那么“梦想 мечтание”则没有理由被录入《汉俄科技大词典》；如果“迷宫 mí gōng〈工〉лабири́нт”属于工业管理和科学技术类术语，可以收入《汉俄科技词典》，那么“谜语　головоломка”一词属于何种术语而被收入到《汉俄科技大词典》中，恐怕就没有什么科学依据了。类似的词条还有：

不小心　неосторожность

不好看　безобразие

麻烦的　кропотливый

明白　ясность

离题　отклоняться（отклониться）

未婚夫　жених

（以上词条选自《汉俄科技大词典》）

显然，以上所列词条均属普通语词，不应收录在科技术语词典当中。

科技术语与普通语词都是语言符号，既有相同点，也有迥异之处。术语的特性决定术语词典的收词除了要有统一的原则外，选择适当的科技术语立目也要遵循一定的原则，如筛选术语词目也应该兼顾术语的准确性、单义性、系统性、语言的正确性、简明性和理据性等。（冯志伟，1997：1）术语在一个学科以及相关领域中不是孤立的、随机的，在一个特定领域的各个术语，必须处于一个明确的层次结构中，共同构成一个系统，有着“由此及彼，由表及里”的逻辑联系。（刘青、黄昭厚，2003：24）如机械工程术语中的刨床、车床、磨床、镗床、铣床等词目在两部科技术语词典均有体现，展示了术语概念间的联系。

《汉俄科技大词典》：

刨床　строгальный станок

车床　самоточка；токарный станок

磨床　токарно-шлифовальный станок

镗床　токарно-расточный станок

铣床　фрезерный станок；фрезмашина；шарошечный станок

《汉俄科技词典》：

刨床　bào chuáng〈机〉строгáльный станóк

车床　chē chuáng〈机〉тока́рный станóк

磨床　mó chuáng〈机〉шлифова́льный станóк

镗床　táng chuáng〈机〉растóчный станóк

铣床　xǐ chuáng〈机〉фрéзерный станóк

然而，汉俄科技词典通常是以音序方法排列词目的，无法保证术语体系性的充分体现。另外，人为地漏收某些术语也同样会造成术语系统的破坏。例如，地理学术语中的地理圈、景观圈、大气圈、土壤圈、岩石圈等，这些系统化的术语准确地反映了地球构造整体中各层次的物质和形态。令人遗憾的是，两部词典只收录了一部分词条，如：

大气圈　dà qì quān〈气〉атмосфéра；воздýшная оболóчка（《汉俄科技词典》）

воздушная оболочка（《汉俄科技大词典》）

岩石圈　yán shí quān〈地质〉литосфéра（《汉俄科技词典》）

литосфера（《汉俄科技大词典》）

这样则无法表现地球构造整体的系统性。科技术语词典编纂是术语清点和规范化的重要手段之一，所以，在编纂该类型词典时遵循系统性原则是十分必要的，收词立目应在术语系统内相互照应。

2. 排检方法不便于词典用户查询

汉外词典与外汉词典不同，汉外词典的左项是音、形、义相结合的表意文字，与表音为主的拼音文字有着本质上的区别，在词典的词条排检方面显得尤为突出。辞书排检法包括“编排法”和“检索法”两个方面。这两个方面要处理的对象形式和要达到的目标都不相同，而应用的原理和具体方法却是相同的，因此，在辞书学中通常将两者合在一起讨论。（陆嘉琦，1999：188）根据汉字的特点，最常见的汉语词典

（包括汉外词典）字符排检法有偏旁部首法、笔画笔形法和音序法。但是，无论何种排检法都是各有利弊的。术语词目按字母音序排序便于查询，但无法展示术语的概念系统。正如前面我们引述的著名词典学家卡萨雷斯的话："字母顺序是有组织的混乱。"（Касарес Х.，1958：113）而形序虽然能在一定程度上展现其系统，但当遇到某些生僻字，或是确定不了起首笔画时，查找起来费时费力，仍会给词典用户带来不少麻烦。

在前述两部汉俄科技词典中，《汉俄科技词典》主要按汉语拼音字母的顺序编排词目，辅以声调、笔画排列，设有汉语拼音音节索引和部首检字表，检索相对容易，但无法展示术语的概念系统；《汉俄科技大词典》的词条首字均按汉语拼音字母排列，内部词条则以笔画笔形编排，正文后设有汉语拼音索引和汉字苏联查法索引，倘若遇到生僻字，特别是笔顺特殊的汉字，如果看不准或弄不清楚词（字）目的起首笔画就会耽误时间，影响工作的效率。如在《汉俄科技大词典》中查询词条"脑脊髓炎 миэлоэнцефалит；энцераломиэлит"，在确定首字音部和音节后，再需根据第二个汉字的字数和起首笔画顺序，即按照"横""竖""撇""点""折"的顺序查找。有人认为"脊"的起首笔画是"撇"，但是在"撇"部查找了良久也不见"脑脊髓炎"的踪影，岂不知其起首笔画是"点"，不得不在"点"部重新再查一遍，浪费了时间，降低了工作效率，给词典用户带来诸多不便。因此，有必要建立一种方便有效的排检方式来解决类似的问题。

3. 语音信息不全

在双语科技术语词典中，词目及其对应词的语音标注信息对于笔译者来说，似乎没有多大必要，但是在言语交际中，正确的语音则显得尤为重要。《辞书研究》杂志刊登过多篇相关文章，对一些具体问题进行了论述，如《专科词典的注音》（方祖，1982）、《双语专科词典应该注音》（任念麒，1983）、《双语科技词典词目宜标重音》（黄忠廉，1997）、《谈双语科技词典中外语术语的注音问题》（黄忠廉、邹春燕，2007）等。

双语科技术语词典中的学科术语无论是中文，还是外文，经常会夹杂一些难字难词，为了方便词典用户，便于专业人士掌握外语，不妨给词目加上应有的语音标注。对于汉俄科技术语词典，汉语词目标注拼音，特别是科技术语中的一些难识难辨的术语是十分必要的。例如，词条“玢岩 bīn yán〈地质〉порфири́т”中的汉语词目经常被误读成“fēn yán”；“趸船 dǔn chuán〈船〉дебаркаде́р；плаву́чая при́стань”容易被误读成“wàn chuán”或是“zú chuán”；而词条“砼 tóng〈建〉бето́н”摆在人们面前时，似有哑口无言的感觉。与此同时，在标注拼音时，还应注意拼写形式，要按照汉语拼音的拼写原则拼写。至于俄语对应词，更是应该标注重音，虽然在排版印刷时有一点麻烦，却能给广大的用户带来方便，这也突出了以人为本的原则。《汉俄科技词典》在这方面做得比较好，汉语有拼音，俄语有重音，以上词条均选自这部词典；《汉俄科技大词典》却缺少这方面的信息，不能不说是一个缺憾。

4. 释义方法囿于提供对应词

释义的方法多种多样，对于不同类型的词典应采取不同的释义方法。兹古斯塔（1983：428）认为，双语词典的基本目的是在一种语言的词汇单位和另一种语言的词汇单位之间找出意义相等的对应词。对于双语科技术语词典来说，最常用的方法也是提供对应词，少有详解的。但这种传统处理释义的方法无法全面准确展示词目的意义。正如陈楚祥（2001：9）所指出的，俄语类双语词典开拓创新不足，尤其是专科类词典，基本上都是双语词汇对照模式，缺乏必要的诠释、注解与图解。同时，由于两种语言符号在意义上不一定是完全对应的，往往是部分对应。虽然一个概念有几种表示方法是正常的，但是在实际工作中，这种一对多的现象常常使词典用户感到迷茫，下列选自《汉俄科技大词典》的一些词条有时更是让人觉得一头雾水：

诱导体　дериват

诱导物　затравка；индуктор

诱导剂　дериват；индуктор；увлекатель

可以看出，词目“诱导体”提供了一个对应词，这种一对一的情况比较容易理解，体现了术语选择的单一性原则；“诱导物”给出了两个对应词，与“诱导体”完全没有重复，但词条中出现了一对多现象，这种情况应该是尽量避免的；“诱导剂”所提供的对应词最多，其中也包含了“诱导体”和“诱导物”的对应词 дериват 和 индуктор，这说明“诱导剂”分别与“诱导体”和“诱导物”有部分对应关系。这种一对多现象在翻译实际工作中，经常给译者带来麻烦，不知选取哪个译语更为恰当，更为准确，因此，解释性的说明用语可以帮助词典用户区分多个对应词，更能准确表达概念的内涵。

由于地域、历史、文化的差异，语言符号之间往往有无对应现象。在这方面，中医学术语比较明显，例如，“气”“阴”“阳”等中医特有意义的词语外译时均应音译或意译，分别是 Ци，Инь，Ян；必要时可加语词注解，“五行”用直译加注释的方法可译为：Пять первоэлементов，пять стихий китайской космогонии（земля，дерево，металл，огонь，вода）。所以，单纯提供对应词不能满足释义（译义）的需要，辅以诠释、注解性说明是十分必要的。对于无对应现象，如果能提供相应的图解，那么它所起的作用比语词释义将会更有效，词典用户可以一目了然地获取有价值的信息。

另外，在科技术语词典中，有很多国外传入的术语，夹杂部分音译的术语是很正常的，如：

别氏弹簧　пружина Бельвиля

别尔定律　закон Бера

别汉棱镜　призма Пехана

别尼俄夫地震仪 сейсмограф Бениофа。

（以上词条选自《汉俄科技大词典》）

但有时简单的音译是不能十分清楚地展示出词目意义的，例如：

爱因斯坦　эйнштейн；（选自《汉俄科技大词典》）

爱因斯坦　ài yīn sī tǎn〈理〉эйнштéйн。（选自《汉俄科技词典》）

乍一看，这是伟大的科学家的名字，但是专有名词对应词并未大写，非专业人士一般不会想到它是“光化学的光能单位”，所以有必要在音译后加注释说明。

5. 参见系统缺乏严整性

在分析参见系统之前，先比较以下两组词条：

（1）穿孔纸带抗断强度　прочность перфоленты на разрыв

穿孔纸带断裂强度　прочность перфоленты на разрыв

条件衍射　дифракция на ленте

条件绕射　дифракция на ленте

诱变物　мутаген

诱变剂　мутаген

釉斑　слёт глазури

釉滴　слёт глазури

釉点　слёт глазури

（2）贯穿双晶　guàn chuān shuāng jīng → 贯穿孪晶

马氏数　mǎ shì shù → 马赫数

气动冲孔器　qì dòng chōng kǒng qì → 气动冲子

乙脑　yǐ nǎo → 乙型脑炎

游标刻度盘 yóu biāo kè dù pán → 游标盘

第一组词条选自《汉俄科技大词典》，不同的词目对应相同的对应词，而不同词目所指称的概念却是同一概念，是同一所指，却没有设置任何参见，占用了词典的部分篇幅。第二组词条选自《汉俄科技词典》，虽然没有明显的“参见”字样，但是符号“→”这种形式化语言已经不言而喻地告知读者一切了。在这里要注意一点，设置参见要弄清楚“谁参见谁”的问题。第二组中后两个词条“乙脑”参见“乙型脑炎”，而“游标刻度盘”参见的是“游标盘”。无论怎样，设置参见系统不仅可以节省词典篇幅，还可以建立概念的相互联系，展示术语的体系性，从而使词典内部结构更严密，是保证词典的质量的重要环节之一。

6. 其他问题

就任何一部词典的结构而言，大体可以分为宏观结构和微观结构。本章所分析的汉俄科技术语词典存在的若干典型问题中，前面已经阐述了宏观结构中的收词立目和排检法方面的一些问题，除此，宏观结构还包括前言和附录、凡例等参项。前言是词典用户的“必读材料”。一般词典都有前言，汉俄科技词典也不例外，但是有些前言所提供的信息不够全面，应适当地将术语词典学的理论渗入其中，提供一些词典编纂的新思想、新方法、新动向，以便词典用户了解该词典与同类词典相比的新意及优势；附录是词典的“必要补充”。在汉俄科技术语词典中收入一些实用性较强的附录无疑是对词典的有益补充，一方面可以提高词典提供信息的效率，另一方面满足词典用户更广泛的查询需求。然而，在上述两部词典中，只有《汉俄科技词典》收录了“汉俄对照计量单位名称表”和“汉俄对照化学元素名称表”两个附录表，远远不能满足需要，而在《汉俄科技大词典》中则没有任何附录信息；凡例是词典的“使用说明”，主要介绍词目的排列方式、词条结构及查询方法，还有学科略语，教词典用户如何轻松有效使用词典。其中学科略语有一些问题比较严重，应予以统一和规范。

词典的微观结构是评价词典优劣最重要的标准之一。在汉俄科技术语词典的微观结构中，除了上文已经提到语音、释义和参见方面的不足，还存在许多问题。事实上，微观结构中还应包括其他参数信息，如术语词目的语法信息、词源信息、语义信息、例证信息等。诚然，一部词典不可能面面俱到地提供所有的参数信息，但是必要的信息还是不可或缺的，例如，真正意义上的术语词典应该为条目提供术语定义。在以往的科技术语词典中，术语的定义不明确，要么只提供译语对应词，要么只给出简单的描述性定义，缺少术语定义的词典不能称为名副其实的科技术语词典。

汉俄科技术语词典中存在的这些问题反映了词典编纂是一个不断完善的过程，在理论研究方面需要深入，在实践上需要有理论研究成果的指导。澄清这些问题对进一步研究该类型词典的编纂实践具有一定的现实意义。指出问题并不是我们的最终目的，解决问题才是我们的目标，而初步搭建该类型词典的结构理论框架可以认为是解决问题的一个有效途径。

第4章

汉俄科技术语词典宏观结构

词典是一种汇集语言、科学文化和日常生活等方面的词语和知识，按一定的方式编排，以备查检参考的工具书。其实，词典就是一本书，书中有前言，有目录，有后记（附录），有一个个小小的篇章，这些构成了一个整体，一个宏观的结构，而每个小的篇章也是独立的部分，即每个独立的词条构成一个微观的结构。与书不同的是，词典的宏观结构通常是按一定的方式编排从前言到附录的各个结构单位，特别是微观结构；而词典的微观结构指的是每个具体条目经过系统安排的全部信息。

具体地说，词典的宏观结构应包括：词典的收词立目、凡例和词目的排检方法以及前言和附录等部分；词条的微观结构应包括：词目的语音信息、语法信息、词源信息、语义信息、例证信息、体例标注、参见和注释等信息。所划分的这些结构的篇幅和内容将决定整部词典的属性。所以，划分词典的宏观结构和微观结构就好比建构词典这座高楼大厦之前，先要打一个坚实的地基，搭建一个稳固的框架，这是编好一部词典的前提条件。本章的主要内容是对汉俄科技术语词典的宏观结构进行阐述。

4.1　汉俄科技术语词典的宏观结构

术语词典作为词典的一个特殊类别，在结构上与普通词典可以说是大同小异，因此在研究汉俄科技术语词典的结构时，我们也主要从宏观结构和微观结构两个方面分别加以研究。汉俄科技术语词典的宏观结构包括前言和附录、凡例和排检法、术语的收词立目等方面。其中，前言和附录是词典宏观结构中容易被忽视的重要内容，因为在前言中将会阐释术语词典学研究的新思想，相关的附录信息对词典将是一个有益的补充；凡例是词典、特别是科技术语词典必不可少的一部分，对词典用户起到使用培训的作用；适当的排检法不仅能让用户迅速掌握其用法，还能提高用户的使用效率；术语的收词立目对于词典的质量起着一定的决定作用，所以，首先要制定科学、统一的原则；其次，对术语进行清点和整顿，这是术语及术语词典标准化和规范化的必要前提条件。

4.2　前言与附录

前言也称“前记”“序”“叙”“绪”“引”等，是写在书籍或文章前面的文字。书籍中的前言，刊于正文前，主要说明基本内容、编著（译）意图、成书过程、学术价值及著译者的介绍等，由著译、编选者自撰或他人撰写。文章中的前言，多用以说明文章主旨或撰文目的。词典是书籍的一种特殊形式，其前言也可由编者自撰或他人撰写，主要说明词典的总体情况、编纂意图、编纂过程、学术价值及编者的介绍等与编纂该词典密切相关的信息。

附录是图书正文以外，附印于正文后面的有关文章、文件、图表、索引、资料等附属成分。在词典正文之后的附录是词典的重要组成部分，其相关资料将有助于加深对主索引中信息的领会，并增加词典的实用性。

4.2.1 前言

当我们翻开词典，首先看到的是前言。大多数词典用户认为这一部分没有什么可读性，经常略过到下一部分，编者们也常常因此而忽略了前言的编写。岂不知，前言既是词典的“招牌广告”，也是读者的“必读材料”。原因有二：一是从编者的角度讲，在词典的前言部分，编者通常描述词典编写的历史背景、词典的篇幅及其任务，对词典的性质进行必要的说明，向读者介绍该词典与同类词典相比的新意及优势，可以帮助读者选择最合适的词典；二是从读者的角度说，通过阅读前言，读者不仅可以了解词典的性质，经过比较还能正确判断出该词典对他是否适用，也成为词典用户购买词典的重要依据。

一般来说，词典的前言有两种：一种是理论性前言，另一种可以称作程式化前言。理论性的前言将指出词典编纂的历史沿革、理论基础、方法和手段及词典编纂的特色等内容。在俄国词典编纂史上，乌沙科夫（Ушаков Д. Н.）主编的《俄语详解词典》（Толковый словарь русского языка. Под редакцией Ушакова. Государственное издательство иностранных и национальных словарей, 1935 ~ 1940. Т. 1 ~ 4）首次在词典的正文前加入有理论深度的前言，做出的结论对现今的词典编纂仍有重要的现实意义。程式化的前言往往使用一些惯用的套话，仅用寥寥几笔介绍词典的编纂背景、词典的任务、针对的对象、词典的篇幅、致谢等内容。现在出版的词典前言多采用后者，无法真正发挥它的作用。

汉俄科技词典也不例外，以《汉俄科技大词典》和《汉俄科技词典》为例，其前言所提供的信息都不够全面。其中，《汉俄科技大词典》的前页材料里并没有前言部分，而多了“序言”和“编者的话”两部分内容。“序言”是由著名学者周培源所作，对该词典进行了评价，概述了该词典在中俄两国经济、科技及文化教育等方面交流中的重要作用。而“编者的话”是从编者角度介绍了词典的编纂背景、词典的收词及其特点、编者信息等方面的内容，似有前言的意味。可以说，是“序言”和“编者的话”共同发挥了前言的作用。此外，其前页材料，包括“序言”和“编者的话”，有一个特别之处：其内容是汉俄双语对照形式，这有助于中俄两国读者和词典用户了解该词典的总体情况。《汉俄科技词典》的前言只用了221个字，包括词典的性质、词典的对象、词典的收词及来源等内容。与《汉俄科技大词典》的前言内容相比，更加简单化，根本无法起到“招牌广告”和“必读材料”的作用。

这两部词典可以说是汉俄科技类词典的代表，但是，其前言却缺少明显的理论因素。对于汉俄科技术语词典来说，前言里除包括词典的一般信息外，还应将术语词典学的理论渗入其中，如术语词典的类型划分、术语词典的宏观结构和微观结构、术语的收词立目原则、语义信息、释义方法等重要理论问题。另外，可提供一些词典编纂的新思想、新动向，以便词典用户了解该词典与同类词典相比的优点和新意。这样一来，词典用户在阅读前言时，既可以了解词典的学术价值和理论特色，还能了解什么问题可以利用该词典解决，什么问题需要求助于其他词典，既节省了读者的时间，又提高了信息查询的效率。

4.2.2　附录

附录是词典后页材料的主要部分，是词典的“必要补充”。对于大型综合性俄汉词典来说，收入一些确实为查询所需的附录将在很大程度上方便使用者。（张金忠，2005：106）我们认为，不但大型综合性俄汉词典应收入实用查询附录，对于大中型综合型汉俄科技术语词典来说，收入一些实用性较强的附录同样是词典的有益补充。这一方面可以提高词典的提供信息的效率，另一方面能够满足词典用户的查询需求。然而，在上述两部词典中，只有《汉俄科技词典》收录了“汉俄对照计量单位名称表”和“汉俄对照化学元素名称表”两个附录表。的确，计量单位名称表和化学元素周期表在实际工作中具有普遍的实用性，各类词典基本均将两表收入其中。例如，《俄汉科技大词典》（商务印书馆，1990）收录了15种附录，其中，附录1. 各种计量单位表，附录5. 俄、汉、英对照化学元素表；《精选汉英 英汉科技词典》（上海科技文献出版社，1999）收录了5种附录，其中，附录一 化学元素表各种附录，附录二 中国法定计量单位表，附录三其他常用计量单位及其换算。与之相比，《汉俄科技词典》的附录数量确实太少。更有甚者，《汉俄科技大词典》则没有任何有价值的附录，在后页材料中只有“汉语拼音索引”和“汉字苏联查法索引”两个索引。且不说这些附录信息的使用价值有多大，其数量远远不能满足实际工作的需要。

在这里，我们要注意的是，即使收录，也要弄清楚什么样的附录应放在什么类型的词典里。我们先来看几部词典及其附录：

《俄汉航空航天航海科技大词典》（西北工业大学出版社，2006）所录的词条以航空、航天、航海和军事领域为主，兼顾其他相关学科专业。其附录包括：

附录1 现代武器装备名称．〈〉术语与套语

附录2 科技常用词组及惯用语

附录3 星座与主要导航星

附录4 风级．〈〉浪级．〈〉涌级和能见度级

附录5 俄中各种计量单位符号对照表

附录6 俄汉译音表

附录 7 数词表

附录 8 数学符号表

附录 9 拉丁.〈〉希腊字母表

附录 10 俄汉英对照化学元素表

附录 11 图纸译文中常见术语和译法

附录 12 标准化文件中常见术语和译法。

《汉英海洋科技词典》（海洋出版社，1996）包括海洋水文气象、海洋地质和地球物理、海洋生物、海洋物理、海洋化学、海洋工程技术及海洋社会科学等领域的专业词汇 2 万多条，并在附录中列出我国 100 多个有关海洋机构的汉英对照名称。

《英汉汽车综合词典》（北京理工大学出版社，2006）后附有大量与汽车相关的内容，这是其他同类词典所不可比拟的。这些附录有很强的实用性、信息性和知识性。

从以上各类科技词典所列附录信息中可以看出，词典的附录信息并不是随意收录的。如上所述，“计量单位名称表”和“化学元素名称表”经常出现在各类词典的附录里，特别是综合型科技词典的附录中。《俄汉航空航天航海科技大词典》可以看成是以航空、航天、航海和军事领域为主，兼顾其他相关学科专业的综合型词典。在其附录中，除上述两种附录，还包括附录 2 科技常用词组及惯用语；附录 6 俄汉译音表；附录 9 拉丁.〈〉希腊字母表，它们属于一般科技词典中的常用附录，而其他 8 个附录信息则更侧重航空、航天、航海和军事领域，做到了与词典正文对应。这在专科词典中更为突出，收录与本专业密切相关的附录，如《汉英海洋科技词典》和《英汉汽车综合词典》就是很好的证明。

我们再来说说汉俄科技术语词典的附录信息。本篇的研究对象——汉俄科技术语词典，前文已从各个角度作过界定，笼统地说，属于大中型双语类综合型术语翻译词典。既然是双语类词典，不仅附录，词典的其他部分也建议采用汉俄对照形式，必要时可加英语对应，以适应国际一体化的趋势。一般来说，大中型综合型科技术语词典的收词量较大，涉及的科目较广，所以，在设置附录时，除常用附录外，可以有所侧重，还可以收录一些有特色的附录。与此同时，为便于词典用户使用，应设置参引，与词典正文信息相呼应。

4.3 凡例与学科略语

凡例，有的称为总例、略例、叙例、编辑说明、出版说明、编纂例言、使用说明等，是著作前说明著作内容和编纂体例的文字。在词典中，凡例不但要对编纂目的、方法和内容结构作纲领性说明，而且要对整部词典有指导意义，可以说，凡例是词典编者行事的“规章制度”。我们在某省《基本医疗保险和工伤保险药品目录》（简称《药品目录》）中也曾见过“凡例”字样。此凡例是对《药品目录》中药品的分类与编号、名称与剂型、使用范围限定等内容的解释和说明，对于词典用户来说是一个很好的“使用说明”。所以说，词典凡例的主要功用就是使编纂者有法可依、有规可循，使词典用户易于阅读和理解。

学科略语，在有些词典中也叫“学科门类注”或“专业略语表”，是科技词典中特有的而且是不可或缺的组成部分。

4.3.1 凡例

在词典编纂过程中，所拟定的凡例要指导编者编纂词典的全过程，词典成书出版后要向用户介绍术语词目的排列方式、词条内部结构、查询方法（以及学科略语）等内容。科技术语词典的凡例同样起着“编纂法则”和“阅读指南”的作用。《汉俄科技大词典》的凡例由三部分构成：词条排列、词条结构、查找方法。其中，词条排列和词条结构部分是编纂词典所应遵循的规则，编者们据此编排术语词目；而查找方法则是为词典用户设置的使用说明，便于词典用户据此查询所需要的术语词目。《汉俄科技词典》的凡例由十条规则组成：与上述凡例不同的是，该凡例首条说明了科技词语收词立目的原则，即“本词典收录各类汉语科技词语。所收词语不论是单词还是词组，均单独立目”。这是词典凡例中应该提倡的做法，有利于明确词典的收词立目原则，但还不够详细；其第二条至第十条是词典编排术语词目的规则，包括排列方法和词目标注，其中，第十条是学科门类注，这也是与上述凡例的不同之处，《汉俄科技大词典》的学科略语是单独列于凡例之后的。还需说明的是，在该凡例中，没有单独设置查找方法，词典用户只能根据词条编排的规则找出查询方法。

学术界常说：“著书立说，有例则严，无例则乱。”在编纂词典时，凡例就是编纂纲领，要对编纂体例作出统一规定和理论说明。而在制定凡例时，重要的是有法则性和条理性：首先，“凡例”应阐述一般性的收词原则、词目排列方法和查找方法，再对编纂体例问题进行分门别类的讲述，然后处理一些特殊问题的原则和方法；其次，制订“凡例”要利用词典理论回答编纂中疑难而又有分歧的问题，使编纂中解决实际问题的办法上升为理论原则，不仅要对辑录内容和编纂形式作出明确规定，指出必须怎么办，而且要从理论上说明为什么要这么办，使编纂者心悦诚服地遵照执行；第三，凡例的制订和修改，应贯穿辞书编纂的全过程。编写之前，应先订凡例，作为编纂者必须共同遵守的“法则”。但这不能成为定法，还必须在编纂过程中，不断总结经验，根据实际需要，不断地进行增删、修改，词典脱稿后，再按照“实践是检验真理的唯一标准”的原则，对凡例作一次全面修改审订，再由编者的“编纂法则”变为读者的“阅读指南”。

4.3.2 学科略语

一部词典想要更好地完成释疑解惑的任务，还必须借助各种标注使词典提供的信息更加全面和具体化。对于汉俄科技术语词典来讲，所收术语的专业标注是很重要的，因为指明术语所应用的学科领域同样可以加深词典用户对词义的理解，特别是大中型综合型的科技词典，一般都收录几十个学科的术语，如果不加专业标注，有时很难判断某个术语所属的专业领域，这会给用户使用术语造成不少的困扰。不同的词典对学科略语的设置是不同的：有的学科略语作为凡例的一部分，如在《汉俄科技词典》的凡例第十条就是“学科门类注”；有的学科略语则不在凡例内而独立存在，如在《汉俄科技大词典》中，学科略语位于凡例之后单独构成一部分。无论怎样安置，都有编者的意图。我们认为，学科略语是术语词目标注的一种，应该放在凡例之中。

在上述《汉俄科技大词典》和《汉俄科技词典》的学科略语或学科门类注中，有些问题应予以关注。具体问题表现在：（1）社会科学的学科略语数量明显少于自然科学。虽然科技术语词典收词一般倾向自然科学，但是在综合型科技词典中，社会科学的术语也是重要的组成部分。例如，《汉俄科技大词典》的“学科略语”所列 126 个学科略语只有［财］财政、［教］教育、［经］经济、［企］企业管理、［商］商业、［军］军事等不足十个社会学科略语；《汉俄科技词典》的“学科门类注”所列 46 个学科略语仅有〈心理〉心理学、〈军〉军事属于社会学科略语；（2）名称不科学，如《汉俄科技大词典》中的学科略语［动物］，不知是动物还是动物学的略语，两者有着本质上的区别；（3）词典间名称不一致，如在《汉俄科技大词典》中，［空］代表“空气动力、真空技术”；在《汉俄科技词典》中，〈空〉代表“航空和航天工程”；而在《大俄汉科学技术词典》（辽宁科学技术出版社，1993）中，〈空〉代表的是“航空”。据统计，在这三部词典中，只有“军事”和“数学”的学科略语名称完全一致，由此看来，“学科略语”标注大有规范和统一的必要性。当然，这需要有关各领域科学技术专家参与术语及其专业标注标准化和规范化问题的研究。

4.4　收词与立目

在编纂双语专科词典（双语科技词典）之前，首先要确定收词的范围和立目的规则。杨祖希和徐庆凯两位先生在《专科辞典学》一书中指出，收词工作“是决定一部词典质量高低的第一个关键，词目选得好，再加上释文写得好，辞典的质量就高了。反之，如果词目有重大缺漏，或者失之于滥，更糟的是又缺又滥，那么无论释文写得如何，辞典的质量总是不高的”。（转引自王毅成，2000：76）上文以《汉俄科技大词典》和《汉俄科技词典》为例分析了汉俄科技术语词典中存在的第一个问题就是收词缺乏统一的原则，立目无系统性。这也是现存双语科技词典收词立目普遍存在的问题。

4.4.1　收词原则

在收词方面，科技术语词典中收录的语言单位应该是各个学科领域的专业术语，而实际上，有些科技词典却把与专业术语关系不大甚至没有关系的词语也大量收录，徒增词典的篇幅。由于一部科技词典的收词是否丰富，在于它对所规定范围内的专业词语是否收录齐全，因此，在选词时，要对所规定的专业范围作周密细致的策划，双语多学科综合性词典必须按总体设计所规定的学科来选收，并照顾好各学科的平衡，术语词目必须较好地反映学科的概念体系。这就要求各类型双语科技词典，也包括汉俄科技术语词典，在收词方面必须严守一定的收词原则：

首先，词目必须严格按其划定的术语科目界限来选收，不应超越。这是科技术语词典最基本的收词原则。当选收自然科学或社会科学所有分支学科的词目时，必须照顾好各分支学科词目的平衡，不能这个多那个少。这样才能使科技术语词典的学科分类更清楚，词典学科定位更明晰。而且，准确划定收词范围，有利于提高词典立目的科学性和逻辑性。

其次，一定要限制普通词汇的收录量，避免出现滥收词目的现象。词典编纂者的主要精力应放在做好科技术语的收录和释义上。否则，编出来的词典就不是专业的科技术语词典，而只能是那种混合型的双语词典。

第三，术语在一个学科以及相关领域中不是孤立的，在一个特定领域的各个术语，必须处于一个明确的层次结构中，共同构成一个系统。例如，天文学中的八大行星：水星 Меркурий、金星 Венера、地球 Земля、火星 Марс、木星 Юпитер、土星 Сатурн、天王星 Уран、海王星 Нептун，是一个整体，必须成套收入。《汉俄科技词典》据实收入了八大行星，而《汉俄科技大词典》却漏收了水星和天王星。

第四，要选收含义科学的术语词目。比如，从前认为太阳系有九大行星，除上面提到的八个外，还有冥王星。但是，在 2006 年召开的国际天文学联合会第 26 届大会上，经两千余天文学家表决通过——太阳系只有八大行星。不再将传统九大行星之一的冥王星视为行星，而将其列入“矮行星”，并命名为“小行星 134340 号”。因为根据“保守新行星定义”：一是必须围绕太阳运转的天体；二是质量足够大，能依靠自身引力使天体呈圆球状；三是其轨道附近应该没有其他物体。冥王星对后两个条件不符，冥王星的轨道是和海王星有所交集的，所以，天文学界已将其从太阳系九大行星之列除名。因此，科学的科技术语词典不应选收含义不科学的术语词目。由于上述两部汉俄科技词典问世之时是在冥王星被除名之前，现在看来失误在所难免，望日后出版的科技词典能够引以为戒，遵循此原则。

第五，在新词方面，应尽收最新的术语。这并不容易做到。当今社会知识爆炸、术语爆炸，新科学、新技术、新工艺、新成果大量涌入人们的生活，新词、新术语也随之大量产生。在编纂词典时，新词、新术语并不能很快收入词典，而待词典出版，新词也不那么“新”了。著名学者阿普列相（Апресян Ю. Д.）曾说过：“现代词典是一张在语言运动中不断更新、变化的快照。”（转引自 Дубичинский，1998：17）所以，我们建议编者们在选词立目时要有超前意识，注意收入一些具有发展潜力、确实有一定生命力的术语，以免出现词典“未老先衰”现象。

4.4.2　立目原则

词典的立目是与收词紧密相关的一个重要问题。在确定术语词典所要描写的术语后，应该安排和处理这些术语词目，确定哪些术语列为主条，哪些列为副条，并利用参见系统与主条建立相互联系，这些都是在词典编写之前就应当确定的总体原则，也就是要确定词典的立目原则。

在立目方面，两部汉俄科技词典的术语词条编排方式是不同的：《汉俄科技大词典》词条首字是按汉语拼音字母顺序排列，而同音异调的汉字按声调顺序排列，同音同调的汉字则按笔画多少排列，先简后繁；《汉俄科技词典》词目按汉语拼音字母的次序编排。在前文讨论词典的排检法问题时对这两种编排法已有所阐释，并指出了存在的不足之处。为了展示术语的系统性和语言单位的相互关系而又便于使用，我们可以尝试一种折中的办法，就是以字母顺序为基础在词目中适当采用语义原则，将二者巧妙地结合起来。

与此同时，建立一套严密的参见系统也是词典立目需要解决的主要问题之一，适当的参见可以建立相关词条之间的联系，也有利于节省词典篇幅。参见系统是否严密是评价词典质量优劣的一条重要标准。然而，目前常用的汉俄科技词典的参见系统仍不够完善，词目之间缺少必要的联系，有时甚至全部单独立作主条目，导致词典在立目方面出现很多严重问题。这个问题解决得好坏在一定程度上影响着词典立目的科学性和合理性，应得到词典编纂人员的重视。

第5章

汉俄科技术语词典微观结构

5.1　词典的微观结构

如果将词典的宏观结构比作楼房的钢筋铁架，那么微观结构就是一砖一瓦，这些砖瓦的质量将直接或间接影响整个楼房的质量。上文提到，词典的微观结构指的是每个具体条目经过系统安排的全部信息。黄建华（2001：68）把这些信息归纳为如下十个方面：

1. 拼法或写法，这是关于词的形式方面的信息；

2. 注音或音标，是关于词的读音方面的信息；

3. 词性，是关于词的语法属性方面的信息。多数语文学家认为，这是语文词典条目中的关键信息；

4. 词源，是关于词的来源和词的出现年代的信息；

5. 释义及义项编排，这是释义方面的信息。通常认为这是语文词典微观结构的核心部分；

6. 词例（包括自撰例和引例），这是关于词在具体语境中的用法信息；

7. 特殊义，这是词在特殊学科中的含义信息；

8. 百科方面的信息，这类信息在综合词典或百科词典的词条中提供得最多；

9. 词组、成语、熟语、谚语等；

10. 同义词、反义词、近义词、类义词、派生词等。这是词目词与其他词的联系方面的信息。

可以说，以上十个方面基本上包括了微观结构的所有信息，但是并非所有的信息都能出现在某一部词典中。一部词典要提供哪些信息，主要看词典的性质和规模，编者的主观取舍也有着一定的影响。

随着词典学理论研究的发展，一些学者提出了词典编纂的参数化理论，即用词典的形式呈现语言学的各种成果。苏联著名语言学家卡拉乌洛夫（Караулов Ю. Н.）最早提出这一观点。他在《论现代词典编纂中的一个趋势》（Об одной тенденции в современной лексикографической практике）一文中首次较全面地列举出词典的编纂参数，其中包括：语言参数、词目、年代参数、数量参数、拼写法参数、词长参数、重音参数、性参数、数参数、动词的体参数、及物性参数、变位、时间、词的形态切分、构词参数、地域参数、组合参数、例证参数、修辞（语体）参数、借词参数、同义参数、联想参数、图书文献参数等。（Караулов, 1981：152～153）当然，一部词典不能同时包括所有的参数项。如果将上面的词典微观结构信息与这些词典参数结合，可以为常规词典划分一些参数项：条目词、语音参数、语法参数、构词参数、语义参数、例证参数、修辞参数、词源信息、参见和注释等。这也是建立词典微观结构的一个重要内容。

5.2　汉俄科技术语词典的微观结构

本章将在常规词典微观结构基础之上对汉俄科技术语词典的微观结构各参数项进行分析，这也是本篇的重点部分。汉俄科技术语词典的微观结构同样是对术语词条进行系统加工处理的全部信息，它应包括：术语词目的语音信息、语法信息、词源信息、语义信息、例证信息、体例标注、参见和注释以及术语定义等。其中，特别要指出的是，术语词目及其对应词的语音信息标注，虽然在排版印刷时有一点麻烦，但是却能给广大的词典用户带来方便；在词典释义过程中，翻译（提供对应词）是一种有效的释义手段，但要注意汉译俄的特点，运用认知语言学中的理据性原理，可以使其意义更加清晰明确、容易理解；术语的定义是科技术语词典微观结构的重要组成部分，将使词典更准确、更科学。

5.3　语音信息

不同国家的人们在交流过程中，需要了解的不仅是语言单位的意义，更重要的是要通过声音来表达和理解彼此的意思。词典中的语音信息是词典微观结构不可缺少的一部分，但相关的理论研究几乎没有。语音信息在语文词典里被认为是必不可少的，但在科技词典中则经常被忽视，而且问题多多。不少学者也深有同感，发表文章对一些具体问题进行了论述。如方祖（1982）的《专科词典的注音》一文，主要针对的是汉语单语专科词典注音问题，指出了专科词典注音的重要性，用一些鲜活的例子说明了汉语专科词典注音的特点，并提出了一些注音的建议。任念麒发表《双语专科词典应该注音》一文，指出双语专科词典不注音所带来的问题，明确表明了自己的态度："我的意见是：双语专科词典应该注音。"（任念麒，1983：50）我们发现，方、任两位先生提出这些观点是在上个世纪80年代初期，改革开放的号角刚刚吹响，各项事业刚刚起步，编纂出版的专科词典没有注意此类问题是情有可原的。但是，从现今出版的科技词典来看，语音信息系统尚未健全，语音面貌仍未有改观。

一般来说，双语科技词典的条目词与对应词和释义分别是两种不同的语言形式，那么，在不同语言的双语科技词典中，词目及其对应词语音标注信息的特点也是不同的，如俄语类的有重音问题，英语类的有国际音标问题等。据调查，在现存的双语科技词典中，大多数双语科技词典完全没有语音标注，少数双语科技词典有标音，且随意性很大，没有统一的标准。这将在一定程度上影响双语科技词典的实用性和质量，也给使用者在学习和使用科技词汇过程中带来不便。黄忠廉（1997：139～140）指出，作为一个翻译工作者，尤其是口译工作者在国际交流和贸易洽谈时，所携科技词典无一标有重音，将会给学习和工作带来不少的麻烦。在文章中，黄先生指出，俄汉、汉俄双语科技词典的俄语词目存在不标重音现象，英汉、汉英科技词典的英语词目大多也不标重音，而且多数词目未标注国际音标。这两种外语的双语科技词典的语音信息状况足以代表整个双语科技词典的状况。另有一篇文章《谈双语科技词典中外语术语的注音问题》以使用面广、出版量大的英汉、汉英科技词典为例，对大陆（内地）及港澳台的双语科技词典外语词注音经过一番调查、分析，提出了四种双语科技词典外语术语注音法：全部注音法、部分注音法、打重音符号法和注音与重音符号混合法，指出"英汉科技词典和汉英科技词典注音上的改进，也可以为其他（如俄汉）双语科技词典提供一些探索的经验"。（黄忠廉、邹春燕，2007：54）

在汉俄科技术语词典中，俄语译语对应词宜采用打重音符号法，"这是一种最简捷、最明了、最省版面、最经济的注音方法，是双语科技词典今后应改进的方向"。（黄忠廉、邹春燕，2007：53）诚然，在国际交流与合作日趋频繁的今天，为双语科技词典的外语术语词目或外语对应词注音是必须的。与此同时，我们认为，汉语术语也应注音。有人认为，如果汉外或者外汉词典主要供本国人使用，汉语词目就不必标注语音。但是人们在查检科技词典时，不仅想获得知识内容，也希望能知晓某科技词的准确读音。事实上，科技词汇中有不少字，是人们不易读出或容易读错的，例如，有机化学中的羟基 qiāng jī、羧基 suō jī、羰基 tāng jī，化学元素氕 piē、氘 dāo、氚 chuān 等，注音与不注音还是有区别的。所以，给词目中出现的冷僻字和有些科技词中声旁不表音的形声字加注读音是必要的。辞书在向专门化、实用性和多信息方向发展，给科技词典中某些词目注明读音，符合时代对专科词典精确化的要求，也符合广大词典用户的需要。

5.4　语法信息

一般情况下，词目的语法信息是语文词典条目的重要组成部分。在双语语文词典（一般指外汉型词典）里，注明所列条目的语法信息，更是很普遍的情形，这便于学习者更有效地掌握该种外语。对于双语科技词典来说，特别是外汉型词典，并非每种双语科技词典的词目都要作这方面的注释，对于不同语种的词典应有不同的要求和不同的注释方法。例如，词类标注是各种外汉科技词典一般都应有的，其标注方法与语文词典相同；词性的标注应因语种而异。在英汉词典中，英语词目没有"性"这个语法范畴，也就谈不上词性标注，但在俄汉或法汉词典中，俄语词目的“性”范畴是必不可少的标注。因为名词“性”的语法特征在句中制约着其他一些成分的形式。也正是由于这个原因，我们认为，在汉俄科技术语词典中，给俄语对应词也标注语法信息，尤其是名词“性”的语法特征是非常必要的。

对具备一般俄语知识的人来说，通常按照名词词尾变化可判断出所属的性范畴，但是，以软音符号 - ь 结尾的名词的性却不容易判断。例如：

传导 chuán dǎo〈理，生理〉проводи́мость

电负性 diàn fù xìng〈化〉электроотрица́тельность

模数 mó shù〈理，数〉мо́дуль

凝胶 níng jiāo〈化〉гель

吸振度 xī zhèn dù〈理〉вибропоглоща́емость

正地槽 zhèng dì cáo〈地质〉ортогеосинклина́ль

（以上词条选自《汉俄科技词典》）

所举术语词目单凭记忆或常识很难推断出词性。经查实，除 мо́дуль，гель 为阳性名词外，其他均属阴性名词。倘若将汉俄科技术语词典中的各俄语名词术语也分别标注“性”的语法范畴，无疑为词典用户揭示了释义词的用法及其在句中的基本作用，同时为词典用户掌握词目词提供了更为丰富的信息。

5.5 语义信息

语义信息通常被认为是词典微观结构中的核心部分，主要是对条目词的意义进行描写，也就是提供释义方面的基本信息。词典释义的方法多种多样，采用何种释义方法应视词典的类型和其他一些因素而定。双语词典表明一种语言（原语）的字词或表达式被另一种语言（目的语）重铸。（文军，2006：3）魏向清在其专著《双语词典译义研究》（上海译文出版社，2005）中说道："自有双语词典以来，双语词典的译义始终是以对应词的选取为中心任务，对应词的选择是否合理妥帖已经成为衡量双语词典翻译或编纂质量的近乎唯一的标准。"（转引自黄忠廉，2007：54）所以，双语词典多采用提供对应词的释义方法。双语科技词典更是如此，由于术语是在某一特定专业领域内表达一个特定科学概念的语词形式，多以单义词为主，术语的释义亦为译义。但由于不同地域的文化、传统赋予语言不同的内涵和应用范围，因此在两种语言中很难找到完全等值的对应。为使释义更准确，双语科技词典的编纂不能停留在以前那种单纯提供对应词的水平上，释义模式的进一步完善和更新势在必行。在研究和阐释科技术语词典释义时，通常有三种释义方法：提供对应词法、描述法和定义法。下文主要将从提供对应词法和定义法两个方面研究汉俄科技术语词典的释义。

5.5.1　提供对应词法

双语词典是两套语言符号的对应。由于汉、俄两种语言之间存在较大差异，其意义完全对应的词汇单位是不太多见的，很多情况下都只是部分对应，这就给汉俄双语词典的编纂增加不少难度。为了适应术语规范化、国际化的发展趋势，双语科技词典的编者应该努力为源语词目寻找其在目的语中的绝对对应词。例如，俄语词 атом，электрон，мощность 分别与汉语中的术语词"原子""电子""功率"完全对应，就可以直接作为译语对应词录入词典。但有些时候，译语对应词里却多出不完全对应词，不但不准确，有时反而让人感觉画蛇添足。例如：

方程　равенство；уравнение。（选自《汉俄科技大词典》）

这里所出现的不完全对应词是 равенство，该词指的是数学里的

“等式”，与“方程”有着本质上的区别。因为只有含有未知数“X”的等式才叫作方程，所以将 равенство 放入“方程”的译语对应词中是不科学的。

当然，等值对译是双语词典编者努力追求的目标。但需要注意的是，由于汉俄两种语言的差异性，词目与对应词完全吻合的情况毕竟还是非常少见。双语科技词典的编者经常需要用多个义项来反映术语词目不同方面、不同层次、不同领域的意义。又如：

反应式　fǎn yìng shì〈化〉уравнéние

方程　fāng chéng〈数〉уравнéние

方程式　fāng chéng shì ①〈数〉→ 方程 ②〈化〉хими́ческое уравнéние

（以上词条选自《汉俄科技词典》）

我们可以看出，词目“方程式”反映了数学和化学两个学科领域的科学含义，在数学里指“方程（式）”，而在化学中则更偏重指“反应式”，所以当遇到此类情况，分项说明是明智之举。

此外，在为术语提供译语对应词时，还应适当考虑术语的理据性。从词语的理据性上看，术语比普通词语应该更具有理据性。黄建华、陈楚祥（1997：202）指出，“普通语词是按名而考义，术语则据实而定名”。也就是说，术语有很强的理据性，汉语又恰巧具有强大的表意功能，从这个角度来看，术语翻译也应合理地采用意译，意译不仅能传达出术语的理据内涵，还可收到望文见义的效果。故而，在汉俄科技术语词典中，对译术语词目也应该注意对应术语的理据性。

根据术语的形式对所称谓概念的反映程度可将术语理据性划分成三个级别：形象理据性、范畴理据性和有序性。（吴丽坤，2005：155 ~ 158）术语的不同理据层级反映出所利用概念具有的不同逻辑关系。形象理据性利用的通常是该术语系统之外概念的语义联想，范畴理据性利用的是该术语系统内部概念的形态联想，而有序性利用的则是同一逻辑范畴概念之间的属种联系。如下图所示，这是一种叫作“伞齿轮”或者“锥齿轮”的机动车辆传动装置，按照上述术语理据性的划分，“伞”“锥”和“齿”指的是实物装置的形态特征，属于术语系统之外概念特征，我们认为，该术语的定名具有形象理据性，其俄语对应词译为 кони́ческое зубча́тое колесо́。

5.5.2　定义法

术语与概念有着十分密切的关系，概念是术语生成的基础，术语是概念的载体，定义则是术语和概念之间的桥梁，定义的任务是用最简练的文字科学、准确地表述概念的内涵。科学概念的严密性和一词一义特性选择了定义式作为术语的释义方式。（刘青，2004：14）要知道，真正意义上的术语词典是少不了科学定义的。

在科技术语词典中，定义应当在所注明应用范围或领域的最广义涵义上确定。例如，“红”既是人们在日常生活中所熟知的一种颜色，又是光学中的一个术语。两者的内涵完全相同，但在不同应用范围内则有不同的定义。在普通语言词典中属于生活用语，但作为科技术语体系中的一个光学术语，则不仅要指出其对一般观察者所激起的色觉，还要指出其“波长为7883纳米”的物理特性，即在其物理学最广义含义上确定定义。定义法就是一种揭示概念内涵的释义方式，能够严密、准确、简洁地阐释科技术语的内涵。如果在词典编纂实践中采用定义法给词目下定义，必须将其专业内容限制在基本概念、基本知识的框架内，否则内容过于庞杂，词典难以承受。

单语术语词典主要供科技工作者使用，它对所收词目应该下科学的准确的定义，而双语术语词典的对象主要是专业翻译工作者，它对输出语术语找出等值的输入语的术语即可，至于其形状、颜色、性能、用途等的说明，则很少见于双语术语词典中。因为这种以词释词的方式简洁明快，所以很多双语科技词典（包括《汉俄科技大词典》和《汉俄科技词典》)，均采用提供对应词的方法而省去术语的定义。诚然，给术语下定义不是一件容易的事。术语属于某一确定的专业范围，具有单义性，平常所说的多义性可以理解为它用于不同领域的可能性。同时，术语具有独立性，可以不受具体语言系统的制约，只表示经过科学加工的概念或现象。术语还具有系统性。在给术语下定义时，不仅要考虑术语自身的特点，还要从某个学科术语系统的整体上把握。这就需要语言学家、术语学家和各领域技术专家的密切配合，共同致力于术语定义问题的研究。

5.5.3 其他方法

如上所言，双语科技词典的释义需要对词目所表示的概念作出科学的定义，但在对译型双语科技词典中，往往有不少词目光靠提供对应词不能让词典用户准确了解其含义，所以还需要对词目所表达的事物作出科学的说明。在这种情况下，需要采用对译和翻译性解释或注释相结合的方法，即除提供译语对应词外，还需要在其前或其后括注扼要的说明，以便使对译词的含义更加明晰、确切，如一些音译的术语、国外特有的术语或新出现的术语等。在这方面，上述两部汉俄科技术语词典做得并不到位。虽然在《汉俄科技大词典》中有一些说明语，用圆括号“( )”标注，但有些标注与学科略语含混不清，如词条“表现现状 фен (生物物理)”“表面障碍 поверхностный барьер (光学)”“代表性观测 репрезентативное наблюдение (气象)”等的说明语与学科略语［生物物理］、［光］、［气］的关系界限不分明。而《汉俄科技词典》中只有学科略语这一类说明语。

描述法是通过描写实物、叙述情节和说明用法来解释词义的方法。双语科技词典不常用此法，百科词典较多使用。

有些词典还采用图解的方法解释词目。这种方法常用在以文字描述不清或十分冗长，用图表则一目了然的词条。图解法还可达到形象、简明、易懂的目的，这种方法与图表例证方法相似。

5.6　例证

例证是词典必不可少的有机组成部分，是语义释义信息的延续，对于词典用户有举足轻重的作用。有人说，一部没有例句的词典只是一副骨架，这是对例证在词典中作用的最简练、最形象的概括。兹古斯塔(1983：361）指出：“举例总是有益的。许多例子常常用来解释词条的其他部分，首先是词典定义说的是什么。即便如此，也不是简单的复述或重复。因为例子比定义具体，定义应该是比较概括的，所以例子总能补充一些新的信息。”这里不仅说明了词典配例的必要性，也指出了词典例证的一些功能。一般情况下，例证多以文字形式出现，揭示词目的意义和使用方法。而单纯的文字例证有时并不能明确表达其内涵，特别是在双语词典中，由于文化差异，很多概念不能完全对应，我们认为可将插图列入例证行列，可称为“图例”。

一般来说，除非是一些随身携带的袖珍词典可以没有例证，大部分词典都会根据词典的规模、使用对象以及其功能配有不同类型的、不同数量的例证。在科技术语词典中，特别是在双语科技词典中加入例证信息也是十分必要的。

5.6.1 文字例证

典型的文字例证可能是与词目搭配的词组，也可能是说明词目使用特点的句子。词组简捷经济，多是由惯用的固定词组或术语组成，表示一定的概念或事物，在句子中相当于一个词。大多数词典编者乐于采用此种例证方法。提供这样的词组，特别是对译型双语科技词典应该做到的。它对于丰富词典的内容，增强其实用性，提高其使用价值，都具有重要意义。然而，并非所有的与词目搭配的词组都可以作例证，一个脱离开上下文的孤立的词组，其意义有时并不容易把握。但是随意将句子中的某些搭配截成词组，就会使本来是典型的例证可能变得不典型，甚至令人费解。因为有关的词之间的语义联系以及使用频率还没有达到一定的程度，它们并不能向人们提供有助于理解其意义的信息。除了注意双语词典中例证的典型性，还要考虑译文的差异。用兹古斯塔（1983：465）的话来说：“如果固定词组在原语中并没有看得见的语义变化，但如果从译语的观点来看这样做是必要的，那么我们也可以引用它来作为例子，特别是如果固定词组在译词中需要用另一个对应词，或另一种译文。”科技词典对例句的选择，更应注重其质量，还要注意其典型性、实用性，最重要的是起到补充说明术语词目的作用，有时候没有例证或例证不足会造成理解上或使用上的困难。

从现有的科技术语词典来看，大都只提供对应词，语义信息不全，例证甚是欠缺。在《汉俄科技大词典》和《汉俄科技词典》中，同样没有任何文字例证信息。不过，我们发现，两部词典中的一些词条，似乎可以看成是词组例证，只不过词典将其分列开来，如：

纯碱　сода

纯碱法　содовый метод

纯碱溶液　содовый щёлок

纯碱焙烧炉　содовая печь

（以上词条选自《汉俄科技大词典》）

帘栅极　lián shān jí〈电子〉экрани́рующая се́тка；се́тка экра́на

帘栅极损耗　lián shān jí sǔn hào〈电子〉рассе́яние на экрани́рующей се́тке

（以上词条选自《汉俄科技词典》）

应该注意的是，不是所有相同汉字开头的词目都可看作例证。例如，在《汉俄科技大词典》中，以"量子"为开头的词目（除"量子"本身）有116个，在《汉俄科技词典》中，以"真空"为开头的词目有（除"真空"本身）52个。然而，这些词目并非都是"量子"或是"真空"的例证，只不过是如《汉俄科技词典》的"凡例"首条所言："所收词语不论是单词还是词组，均单独立目。"我们不否认，在这些词目中能够找到与"量子"和"真空"搭配恰当的例证，但却割裂了词语间的语义联系。在《汉俄科技大词典》中的词目按笔画顺序排列，也不利于查询，所以有必要为术语词目配置典型的、实用性强的例证。

5.6.2　图例

在我国，辞书编纂往往重视文字、忽视图表。要开创我国辞书事业新局面，在书籍形式上就必须走图文并茂的道路。在词典中，插图有两种：一种是正文插图，位于词条内部，辅助文字例证；另外一种是附录插图，位于词典后页材料中，往往是词典正文的补充。与文字例证相对应，可称之为图例。无论是何种插图，其最本质的特点就是直观性、适用性和实用性。在双语词典中加入插图主要是要反映异域文化，也就是说在外汉词典中配置插图的目的是让学习外语者更多了解该国文化，而汉外词典的图例更有利于传播中国的语言文化。

在双语科技术语词典中，作为词典右项的术语词目不像语文词典那样，提供大量的语文信息，如修辞、语用、例证以及详尽的语法注释等，但可以适当地提供图表、照片、公式等。因为文字只是一种符号，它与所指称的事物或现象没有必然的联系，而插图可以在很大的程度上再现事实，它能“济文字之穷”，传递单纯用文字所不能表达的信息。然而，在出版的不少双语科技词典中都没有配置图例，特别是在现存汉俄科技术语词典中，从未有图例配置，这是一个极大的缺憾。

科技术语词典（包括双语科技术语词典）收入广而全的术语和术语词，其译名要求准确，而且应该尽可能多地收入新词以反映世界最新科技成果、生产发展的全貌。它的插图也具有上述插图的特点。但不同的是，科技词典需附插图所占比例较大。因为科技类词汇名词或短语多，配插图相对容易。而且，科技领域存在大量用文字都无法讲清楚，或须用大段文字来解释的术语，如若为电路图、事物之间变化关系曲线等附上图表则会变得简易明了。特别是在科技工程词典中，“科技工程图样是设计、制造、使用和技术交流的重要技术文件。……它被喻为科技界的‘语言’，是其他任何语言所不可替代的”。（李水香，2002：56）更主要的是，图表是不同国度的科技界的共同语言，在词典中的地位显赫。运用插图这一科技界的共同语言，便可使读者一目了然，减少信息传递之误。例如：

伞齿轮　sǎn chǐ lún〈机〉кони́ческое зубча́тое колесо́；кони́ческая шестерня́；（选自《汉俄科技词典》）

伞齿轮　коническая шестерня；коническое зубчатое（косозубчатое）колесо。(选自《汉俄科技大词典》)

我们可以看出，在这两个词条中，两个关于“伞齿轮”的释义对应词大同小异，不同之处在于：首先位置互换；其次选自《汉俄科技大词典》的第二个对应词中多了一个代替“зубчатое”的说明语“косозубчатое”，这是我们要讨论的关键问题。我们认为，如果没有这个说明语，两个词条几乎是相同的，只不过对应词 коническое зубчатое колесо 更具有译语的理据性，而 коническая шестерня 则更符合术语严密、简洁的特点。然而，加上“косозубчатое”之后，虽然基本含义仍然是一种锥型伞齿轮，但由于前缀 косо－表示“歪”“斜”，所以它指称的是一种“螺旋伞齿轮”。也许这种变化对于专业人士不算什么大问题，但是对于不懂行的翻译工作者来说却是一个很大的难题，很容易误导译者用词。如果在词典词条中加入插图加以注释则会一目了然它们的区别了：

伞齿轮коническая шестерня

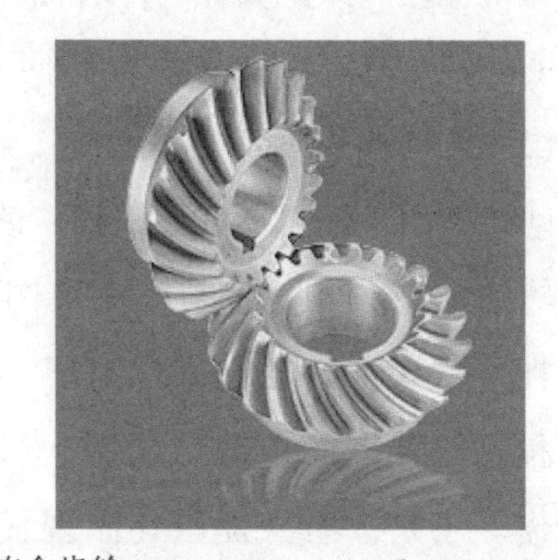

螺旋伞齿轮коническая косозубчатая шестерня

又如：

棘轮机构　jí lún〈机〉храповóй механúзм；(选自《汉俄科技词典》)

棘轮机构 храповой механизм。(选自《汉俄科技大词典》)

一些人知道棘轮的构造和用途，但不太熟知棘轮机构的构成，经过词典释义仍未能真正了解其构造。这时，插图能为我们打开谜团：

棘轮机构храповой механизм

诚然，添加彩色插图的方法确实能为词目释义增加一定的说服力，但是在实际操作中，却不是一件简单的事情。这不但会增大词典篇幅，而且造价比较高。词典作为一种商品，能否收回成本是编者和出版商所关注的问题。而有些带有插图的词典采用的是黑白简图，如《牛津高阶英汉双解词典》（商务印书馆，牛津大学出版社，2001），这样既能说明问题，而且造价低，建议推广使用。

与语文词典相比，科技词典图例复杂且种类繁多，要求规范性、科学性，搜集、整理起来困难得多。而且词典编纂是件缓慢又浩繁的工程，其插图的选编、绘制、修订及排版印刷都也是件非常困难的工作。于是，有人提出建立现代化有效且开放式的科技词汇插图库的设想。（李水香，2002：57）这也符合科技术语词典编纂工作自动化的新趋势，建立计算机语料库，这将大大加快词典的编纂和修订速度。

随着科技的发展、时代的进步，传统纸质词典已不能满足现代社会人们的需求，网络词典、在线词典和电子词典等新型词典产品在市场上的比重增大，越来越受到人们的关注。现在市面上配图的光盘词典很普及。因为插图库和电子词典都同样以计算机、网络和信息技术为支撑，两者兼容性强，而手工绘图和刻版又不能胜任，插图库建成后，电子电脑词典的编制及其在网络的传播，更是令人受益匪浅。

第 6 章

对建构汉俄科技术语词典编纂理论的思考

在本篇的前五章我们追溯了汉俄科技术语词典的编纂简史，分析了该类型词典中存在的若干典型问题，概述了其宏观结构和微观结构的诸多参数，初步建立了词典学理论研究的基本结构框架。显然，这些层面尚未形成对汉俄科技术语词典编纂理论整体的、系统的研究。这一方面是由本篇写作的侧重点决定的，另一方面也取决于学科的系统性特征。任何一个学科理论都是一个有机的整体系统，词典学理论亦如此。按照莫尔科夫金（Морковкин，1987：41）的观点，词典学理论问题的范围是很广泛的，内容十分丰富，包括理论词典学和实践词典学，理论词典学包括：1）词典学的理论（有人称为元词典学理论），如确定词典编纂的篇幅、内容和结构；词典中的词汇，词典的样式和类型；词典的各元素和参数；词典编纂的设计和原则；词典一手材料的来源，亦即词典卡片库的学问；词典编纂工作的计划和组织等。2）词典的编纂史。它也可以分为词典的历史及对一系列同类词典编纂问题解决的历史。实践词典学包括词典及其他辞书类著作的构建和词典材料的积累与储存。在此，我们认为有必要对汉俄科技术语词典编纂理论作进一步的思考，廓清该类型词典编纂理论的研究范围，梳理出其理论建构的基本思路。

6.1　汉俄科技术语词典编纂理论研究的范围

与俄汉科技术语词典相类似，汉俄科技词典编纂问题也大体可以分为理论和实践两个大的层面。其中的理论问题包括：

1. 汉俄科技术语词典编纂史研究与词典批评。词典编纂史是词典学理论的一个有机组成部分。汉俄科技术语词典编纂史将研究编纂该类型词典的实践成果和理论研究的历史及现状。词典批评主要是就已出版的词典的各个参数加以评论，为将来编纂该类型以及相关类型词典提供有益的借鉴。

2. 汉俄科技术语词典的类型问题。词典类型问题是词典编纂理论研究和实际工作的中心问题之一。研究汉俄科技术语词典的理论建构首先应该从词典类型问题入手。目前，词典编者对该问题没有明确的认识，编纂的大都是综合性词典。我们认为，廓清词典类型问题有助于词典编纂的理论和实践。

3. 汉俄科技术语词典的宏观和微观结构研究。宏观结构包括如下一些参数：汉俄科技术语词典编纂宗旨；词典的内容、篇幅和结构；词典的收词和立目等；微观结构包括：条头单位（术语）的语音、语法信息；条头单位的定义（包括翻译）问题；术语的例证；术语的词源信息等。

实践问题有：

1. 汉俄科技术语词典语料的收集、术语卡片（目前往往体现为电子卡片）的制作和术语语料库建设问题。

2. 汉俄科技术语词典的编纂工作。现今的科技术语词典编纂已经不仅仅包括纸介质词典的编纂，还涉及自动化术语词典和在线术语词典编纂。

3. 词典编纂工作计划的制定和组织问题。以往编纂词典，由于缺少可行的编纂计划和周密的组织安排，编纂出来的词典产品质量较差或中途夭折的情况屡见不鲜。因此，该问题也值得关注和重视。

4. 汉俄科技术语词典编者、编辑及用户的培训问题。培训编者和编辑是提高词典编纂质量的一个重要措施，也是保证词典编者人才可持续发展的必要步骤。这个问题将涉及培训的对象、培训的方式和方法等诸多方面。词典用户教育的理论研究与实践活动，对充分发挥词典的社会功能、推动词典学的理论研究、繁荣词典的出版发行等均具有重要意义。

6.2 汉俄科技术语词典编纂理论建构的基本思路

汉俄科技术语词典编纂的理论范围同一般词典学理论范围是大同小异的。因此，理论建构也可以沿着类似的路线进行。第一，回顾汉俄科技术语词典编纂的历史，对该类型词典编纂的实践成果和理论研究状况进行评论（词典史和词典批评）；第二，创建汉俄科技术语词典科学的分类依据（词典类型理论）；第三，研究编纂各个类型汉俄科技术语词典总的方法论原则，包括制订描写不同专业词层的常规方案，分析科技词典词目的来源途径，提出对汉俄科技术语词典的原则要求（词典宏观结构研究）；第四，研究汉俄科技术语词典的词条结构，包括条头单位的定义（提供译语对应词）、术语词目的例证、术语的词源信息等（词典的微观结构研究）；第五，研究词典编写中的计算机运用问题，即词典编纂自动化问题。此外，词典编纂计划的制定和组织工作安排和词典编者与用户培训等问题进行探讨也属于词典编纂理论研究的范畴。由于科技术语词典编纂在难度方面要远远超过一般的语词词典，除了语言学、词典学方面的专家外，必须吸纳相关技术领域的专业人士参与其中，编纂计划的制定和组织工作就显得格外重要。与此同时，应加强词典编者、编辑和用户的培训问题的研究。

本书附录

附录 1　词典学、术语学及术语词典学常用术语（俄汉对照）

АББРЕВИАТУРА 缩略语，缩写词

АВТОМАТИЧЕСКИЙ СЛОВАРЬ 机器词典

АВТОРЫ（словаря）词典编者

АЛФАВИТ 字母表

АЛФАВИТНЫЙ ПОРЯДОК 字母顺序

АНАЛОГИЯ 类推

АНТОНИМ 反义词

АССОЦИАЦИЯ 联想

БУКВА 字母

ВАРИАНТ 变体

ВИД 种

ВИДОВОЕ ПОНЯТИЕ 种概念

ВОКАБУЛА 词目

ВОКАБУЛЯРИЙ 小词典

ВХОДНОЙ ЯЗЫК 源语，原语，来源语，出发语

ВЫХОДНОЙ ЯЗЫК 目的语，译入语

ВЫЧИСЛИТЕЛЬНАЯ ЛЕКСИКОГРАФИЯ 计算词典学

ГЛАВНОЕ УДАРЕНИЕ 主要重音

ГРАММАТИКА 语法学，语法

ГРАММАТИЧЕСКАЯ ХАРАКТЕРИСТИКА 语法特征

ГРАММАТИЧЕСКИЕ ПОМЕТЫ 语法标注

ГРАФИЧЕСКИЕ ЗНАКИ 体例符号

ДАННЫЕ 数据

ДВУЯЗЫЧНЫЙ СЛОВАРЬ 双语词典

ДЕКОДИРОВАНИЕ 解码

ДЕРИВАТ 派生词（词汇单位）

ДЕТЕРМИНОЛОГИЗАЦИЯ 去术语化

ДЕФИНИЦИЯ 定义

ЕСТЕСТВЕННЫЙ ЯЗЫК 自然语言

ЖИРНЫЙ ШРИФТ 肥（粗）体字

ЗАГЛАВНОЕ СЛОВО 条目词，条头词

ЗАГОЛОВОЧНАЯ ЕДИНИЦА 条目单位，条头单位

ЗАГОЛОВОЧНОЕ СЛОВО 条目词，条头词

ЗНАЧЕНИЕ（словарное）词典意义（义项）

ЗНАК 符号

ИЛЛЮСТРАТИВНОЕ ПРЕДЛОЖЕНИЕ 例句

ИЛЛЮСТРАТИВНОЕ СЛОВОСОЧЕТАНИЕ 词组例证

ИЛЛЮСТРАЦИЯ（лексикографическая）词典例证，词典配例

ИНВЕНТАРИЗАЦИЯ 清点

ИНДЕКС 索引

ИНСТРУКЦИЯ（для составления словаря）词典编纂细则

ИСКУССТВЕННЫЙ ЯЗЫК 人工语言

КАНОНИЧЕСКАЯ ФОРМА 原形

КАРТОТЕКА（словаря）词典卡片（库）

КАТЕГОРИЯ 范畴

КВАДРАТНЫЕ СКОБКИ 方括号

КЛАССИФИКАЦИЯ 分类法

КОДИРОВАНИЕ 编码

КОМПЬЮТЕРНАЯ ВЕРСИЯ СЛОВАРЯ 电子版词典

КОННОТАЦИЯ 内涵意义

КОНТЕКСТ 上下文

КОНЦЕПЦИЯ（словаря）词典的指导思想

КОРПУС 语料库

КОРПУС（словаря）词典的主体结构

КОРПУСНАЯ ЛИНГВИСТИКА 语料库语言学

КОРРЕЛЯТ 对应词

КУРСИВ 斜体

ЛЕВАЯ ЧАСТЬ（словаря）词典的左项

ЛЕКСИКА 词汇

ЛЕКСИКОГРАФ 词典家

ЛЕКСИКОГРАФИРОВАНИЕ 词典编纂，对语言单位进行词典描写

ЛЕКСИКОГРАФИЧЕСКИЙ ПАРАМЕТР 词典参数

ЛЕКСИКОГРАФИЧЕСКИЙ ТИП 词典编纂类型

ЛЕКСИКОГРАФИЯ 词典编纂，词典学

ЛЕКСИКОН 词汇，词典的词表

ЛЕКСИКО-СЕМАНТИЧЕСКИЙ ВАРИАНТ（ЛСВ）词汇语义变体

ЛЕКСИЧЕСКАЯ ЕДИНИЦА 词汇单位

ЛЕКСИЧЕСКИЙ МИНИМУМ 最低词汇量

ЛЕММА 主目

ЛЕММАТИЗАЦИЯ 立目

МАКРОСТРУКТУРА 宏观结构

МАШИННЫЙ СЛОВАРЬ 机器词典

МЕДИОСТРУКТУРА 中观结构

МЕТАЯЗЫК（словаря）词典所使用的元语言

МЕТАЛЕКСИКОГРАФИЯ 元词典学，理论词典学

МИКРОСТРУКТУРА 微观结构

МНОГОЗНАЧНОСТЬ 多义性

МНОГОСЛОВНАЯ ЗАГОЛОВОЧНАЯ ЕДИНИЦА 多词语条目单位

МОНОСЕМИЯ 单义性

МОРФЕМА 词素，语素

МОРФОЛОГИЯ 形态学，词法

НОМЕН 名称

НОМЕНКЛАТУРА（系列）名称，名称集合

ОБРАТНЫЙ ПОРЯДОК 逆序

ОБЪЁМ СЛОВАРЯ 词典篇幅

ОБЪЯСНЕНИЕ（значения）解释词义

ОДНОЗНАЧНОСТЬ（моносемия）单义性

ОМОНИМИЯ 同音异义（现象）

ОМОНИМЫ 同音异义词

ОПИСАНИЕ（значения）描写词义

ОПРЕДЕЛЕНИЕ（значения）定义词义

ОПРЕДЕЛЯЕМОЕ ПОНЯТИЕ 被下定义的概念

ОПРЕДЕЛЯЮЩЕЕ ПОНЯТИЕ 下定义的概念

ОСНОВНОЕ УДАРЕНИЕ 主重音

ОСНОВНОЙ СЛОВАРНЫЙ ФОНД 基本词汇量

ОСНОВНАЯ БАЗА（словаря）（词典）蓝本

ОТРАСЛЕВОЙ СЛОВАРЬ 专业词典

ОТСЫЛКА 参见

ОФОРМЛЕНИЕ（словаря）（词典）装帧

ПАРАМЕТР 参数；参项

ПАРАМЕТРИЗАЦИЯ 参数化

ПЕРЕВОД 翻译，译解

ПЕРЕВОДНОЙ СЛОВАРЬ 翻译词典

ПЕРЕВОДНОЙ ЭКВИВАЛЕНТ 译语对应词

ПЕРЕИЗДАНИЕ 再版

ПЕРЕПЕЧАТКА 翻版，重印

ПЕРЕРАБОТКА 修订

ПЕРМУТАЦИОННЫЙ АЛФАВИТНЫЙ ПОРЯДОК 纯字母顺序

ПОБОЧНОЕ УДАРЕНИЕ 次重音

ПОДЪЯЗЫК 次语言

ПОЛИСЕМИЯ 多义性

ПОМЕТА（словарная）词典标注

ПОМЕТА（стилистическая）语体（修辞）标注

ПОНЯТИЕ 概念

ПРАВАЯ ЧАСТЬ（словаря）词典的右项

ПРЕДИСЛОВИЕ（словаря）词典前言

ПРИЛОЖЕНИЕ（словаря）词典附录

ПРИМЕР 例子

ПРОСПЕКТ（словаря）词典的说明书

РОД 属

РОДОВОЕ ПОНЯТИЕ 属概念

РОМБ（чёрный）（黑色）菱形号

СБОРНИК РЕКОМЕНДУЕМЫХ ТЕРМИНОВ 推荐术语集

СЕМАНТИЧЕСКАЯ СТРУКТУРА СЛОВА 词的语义结构

СИНОНИМЫ 同义词

СИНОНИМИЯ 同义现象

СИСТЕМА 系统

СЛОВАРНАЯ СЕРИЯ 系列词典

СЛОВАРНАЯ СИСТЕМА 词典体系

СЛОВАРНАЯ СТАТЬЯ 词条

СЛОВАРНОЕ ГНЕЗДО 词族

СЛОВАРЬ 词汇；词汇量；词典

СЛОВАРЬ ТЕРМИНОЭЛЕМЕНТОВ 术语成分词典

СЛОВНИК（левая часть словаря）词表（词典的左项），收词，词目

СЛОВООБРАЗОВАТЕЛЬНОЕ ГНЕЗДО 构词词族

СОБСТВЕННЫЕ ИМЕНА СУЩЕСТВИТЕЛЬНЫЕ 专名，专有名词

СОЧЕТАЕМОСТЬ 搭配能力

СПЕЦИАЛЬНАЯ ЛЕКСИКА 专业词汇

СТИЛИСТИЧЕСКАЯ ХАРАКТЕРИСТИКА 修辞（语体）特征

СТАНДАРТ 标准，规范

СТАНДАРТИЗАЦИЯ 标准化

СТАНДАРТИЗАЦИЯ ТЕРМИНОВ 术语标准化

СТРУКТУРА（словаря）（词典）结构

ТАКСОНОМИЯ 分类学

ТЕРМИН 术语

ТЕРМИНОВЕДЕНИЕ 术语学

ТЕРМИНОГРАФИЯ 术语词典编纂（学）

ТЕРМИНОЛОГИЗАЦИЯ 术语化

ТЕРМИНОЛОГИЧЕСКИЙ БАНК ДАННЫХ 术语数据库

ТЕРМИНОЛОГИЧЕСКИЙ МИНИМУМ 最低术语词汇量

ТЕРМИНОЛОГИЧЕСКИЙ СЛОВАРЬ 术语词典

ТЕРМИНОЛОГИЧЕСКИЙ СТАНДАРТ 术语标准

ТЕРМИНОЛОГИЯ 术语学；术语（总汇）

ТЕРМИНОСИСТЕМА 术语系统

ТЕРМИН-ЭКВИВАЛЕНТ 等义术语

ТИЛЬДА 波浪号，替代号（~）

ТИПОЛОГИЯ 类型学

ТИПОЛОГИЯ（словарей）（词典）分类学

ТОЛКОВАНИЕ 解释，详解

ТОЛКОВЫЙ СЛОВАРЬ 详解词典，语词词典

ТРАНСКРИПЦИЯ（фонетическая）语音音标

ТРАНСЛИТЕРАЦИЯ 转写

УГЛОВЫЕ СКОБКИ 尖括号

УДАРЕНИЕ 重音

УКАЗАТЕЛЬ 索引

УПОРЯДОЧЕНИЕ ТЕРМИНОВ 术语整理

УПОТРЕБЛЕНИЕ 用法

УСТОЙЧИВОЕ ВЫРАЖЕНИЕ 固定用法

УСТОЙЧИВЫЕ СОЧЕТАНИЯ 固定搭配

УЧЕБНАЯ ЛЕКСИКОГРАФИЯ 教学词典编纂；教学词典学

УЧЕБНЫЙ СЛОВАРЬ 教学词典

ФИЛИАЦИЯ 划分义项

ФОНЕМА 音位

ЧАСТОТНЫЙ СЛОВАРЬ 频率词典

ЧЁРНОЕ СЛОВО 主词目

ШРИФТЫ 字体

ЭКВИВАЛЕНТ 对等词

ЭКВИВАЛЕНТНЫЙ ТЕРМИН 等义术语

ЭНЦИКЛОПЕДИЧЕСКОЕ СВЕДЕНИЕ 百科信息

ЭТИМОЛОГИЧЕСКИЙ СЛОВАРЬ 词（语）源词典

ЭТИМОЛОГИЯ 词源学

ЭТИМОН 词源根词

ЯЗЫК 语言

ЯЗЫК–ПОСРЕДНИК 媒介语

附录 2　词典学、术语学及术语词典学常用术语（汉俄对照）

（按汉语拼音字母顺序排列）

百科信息 ЭНЦИКЛОПЕДИЧЕСКОЕ СВЕДЕНИЕ

被下定义的概念 ОПРЕДЕЛЯЕМОЕ ПОНЯТИЕ

编码 КОДИРОВАНИЕ

变体 ВАРИАНТ

标准 СТАНДАРТ

标准化 СТАНДАРТИЗАЦИЯ

波浪号（替代号）（ ~ ）ТИЛЬДА

参见 ОТСЫЛКА

参数化 ПАРАМЕТРИЗАЦИЯ

参项 ПАРАМЕТР

词表 СЛОВНИК

词的语义结构 СЕМАНТИЧЕСКАЯ СТРУКТУРА СЛОВА

词典 СЛОВАРЬ

词典编者 АВТОРЫ（словаря）

词典编纂（对语言单位进行词典描写）ЛЕКСИКОГРАФИРОВАНИЕ

词典编纂类型 ЛЕКСИКОГРАФИЧЕСКИЙ ТИП

词典编纂细则 ИНСТРУКЦИЯ（для составления словаря）

词典标注 ПОМЕТА（словарная）

词典参数 ЛЕКСИКОГРАФИЧЕСКИЙ ПАРАМЕТР

词典的右项 ПРАВАЯ ЧАСТЬ（словаря）

词典的左项 ЛЕВАЯ ЧАСТЬ（словаря）

词典附录 ПРИЛОЖЕНИЕ（словаря）

词典结构 СТРУКТУРА（словаря）

词典卡片（库）КАРТОТЕКА（словаря）

词典蓝本 ОСНОВНАЯ БАЗА（словаря）

词典类型学 ТИПОЛОГИЯ（словарей）

词典例证（配例）ИЛЛЮСТРАЦИЯ（лексикографическая）

词典篇幅 ОБЪЁМ СЛОВАРЯ

词典前言 ПРЕДИСЛОВИЕ（словаря）

词典说明书 ПРОСПЕКТ（словаря）

词典体系 СЛОВАРНАЯ СИСТЕМА

词典学 ЛЕКСИКОГРАФИЯ

词典学家 ЛЕКСИКОГРАФ

词典义项 ЗНАЧЕНИЕ（словарное）

词典元语言 МЕТАЯЗЫК（словаря）

词典指导思想 КОНЦЕПЦИЯ（словаря）

词典主体结构 КОРПУС（словаря）

词典装帧 ОФОРМЛЕНИЕ（словаря）

词汇 ЛЕКСИКА

词汇单位 ЛЕКСИЧЕСКАЯ ЕДИНИЦА

词汇语义变体 ЛЕКСИКО－СЕМАНТИЧЕСКИЙ ВАРИАНТ（ЛСВ）

词素 МОРФЕМА

词条 СЛОВАРНАЯ СТАТЬЯ

词源词典 ЭТИМОЛОГИЧЕСКИЙ СЛОВАРЬ

词源根词 ЭТИМОН

词源学 ЭТИМОЛОГИЯ

词族 СЛОВАРНОЕ ГНЕЗДО

词组例证 ИЛЛЮСТРАТИВНОЕ СЛОВОСОЧЕТАНИЕ

次重音 ПОБОЧНОЕ УДАРЕНИЕ

次语言 ПОДЪЯЗЫК

搭配能力 СОЧЕТАЕМОСТЬ

单义现象 МОНОСЕМИЯ

单义性 ОДНОЗНАЧНОСТЬ

单语词典 ОДНОЯЗЫЧНЫЙ СЛОВАРЬ

电子版词典 КОМПЬЮТЕРНАЯ ВЕРСИЯ СЛОВАРЯ

等义术语 ТЕРМИН－ЭКВИВАЛЕНТ；ЭКВИВАЛЕНТНЫЙ ТЕРМИН

定义 ДЕФИНИЦИЯ

定义词义 ОПРЕДЕЛЕНИЕ（значения）

对等词 ЭКВИВАЛЕНТ

对应词 КОРРЕЛЯТ

多词语条目单位 МНОГОСЛОВНАЯ ЗАГОЛОВОЧНАЯ ЕДИНИЦА

多义现象 ПОЛИСЕМИЯ

多义性 МНОГОЗНАЧНОСТЬ

多语词典 МНОГОЯЗЫЧНЫЙ СЛОВАРЬ

翻译词典 ПЕРЕВОДНОЙ СЛОВАРЬ

反义词 АНТОНИМ

范畴 КАТЕГОРИЯ

方括号 КВАДРАТНЫЕ СКОБКИ

非术语化 ДЕТЕРМИНОЛОГИЗАЦИЯ

肥（粗）体字 ЖИРНЫЙ ШРИФТ

分类法 КЛАССИФИКАЦИЯ

分类学 ТАКСОНОМИЯ

符号 ЗНАК

概念 ПОНЯТИЕ

构词词族 СЛОВООБРАЗОВАТЕЛЬНОЕ ГНЕЗДО

固定搭配 УСТОЙЧИВЫЕ СОЧЕТАНИЯ

固定用法 УСТОЙЧИВОЕ ВЫРАЖЕНИЕ

宏观结构 МАКРОСТРУКТУРА

划分义项 ФИЛИАЦИЯ

基本词汇量 ОСНОВНОЙ СЛОВАРНЫЙ ФОНД

机器词典 АВТОМАТИЧЕСКИЙ СЛОВАРЬ；МАШИННЫЙ СЛОВАРЬ

计算词典学 ВЫЧИСЛИТЕЛЬНАЯ ЛЕКСИКОГРАФИЯ

尖括号（〈〉）УГЛОВЫЕ СКОБКИ

教学词典 УЧЕБНЫЙ СЛОВАРЬ

教学词典学 УЧЕБНАЯ ЛЕКСИКОГРАФИЯ

解释词义 ОБЪЯСНЕНИЕ（значения）

解码 ДЕКОДИРОВАНИЕ

类推 АНАЛОГИЯ

立目 ЛЕММАТИЗАЦИЯ

例句 ИЛЛЮСТРАТИВНОЕ ПРЕДЛОЖЕНИЕ

例子 ПРИМЕР

联想 АССОЦИАЦИЯ

媒介语 ЯЗЫК-ПОСРЕДНИК

描写词义 ОПИСАНИЕ（значения）

名称 НОМЕН

名称集合 НОМЕНКЛАТУРА

目的语 ВЫХОДНОЙ ЯЗЫК

内涵意义 КОННОТАЦИЯ

逆序 ОБРАТНЫЙ ПОРЯДОК

派生词 ДЕРИВАТ

频率词典 ЧАСТОТНЫЙ СЛОВАРЬ

人工语言 ИСКУССТВЕННЫЙ ЯЗЫК

上下文 КОНТЕКСТ

属 РОД

属概念 РОДОВОЕ ПОНЯТИЕ

术语 ТЕРМИН

术语标准 ТЕРМИНОЛОГИЧЕСКИЙ СТАНДАРТ

术语标准化 СТАНДАРТИЗАЦИЯ ТЕРМИНОВ

术语成分词典 СЛОВАРЬ ТЕРМИНОЭЛЕМЕНТОВ

术语词典 ТЕРМИНОЛОГИЧЕСКИЙ СЛОВАРЬ

术语词典编纂（学）ТЕРМИНОГРАФИЯ

术语化 ТЕРМИНОЛОГИЗАЦИЯ

术语清点 ИНВЕНТАРИЗАЦИЯ ТЕРМИНОВ

术语数据库 ТЕРМИНОЛОГИЧЕСКИЙ БАНК ДАННЫХ

术语系统 ТЕРМИНОСИСТЕМА

术语学 ТЕРМИНОВЕДЕНИЕ

术语整理 УПОРЯДОЧЕНИЕ ТЕРМИНОВ

术语总汇 ТЕРМИНОЛОГИЯ

数据 ДАННЫЕ

数据库 БАНК ДАННЫХ；ИНФОРМАЦИОННЫЙ БАНК

双语词典 ДВУЯЗЫЧНЫЙ СЛОВАРЬ

缩略语（缩写词）АББРЕВИАТУРА

索引 ИНДЕКС；УКАЗАТЕЛЬ

体例符号 ГРАФИЧЕСКИЕ ЗНАКИ

条目词 ВОКАБУЛА

条头词 ЗАГЛАВНОЕ СЛОВО；ЗАГОЛОВОЧНОЕ СЛОВО

条目单位（条头单位）ЗАГОЛОВОЧНАЯ ЕДИНИЦА

同义词 СИНОНИМЫ

同义现象 СИНОНИМИЯ

同音异义现象 ОМОНИМИЯ

同音异义词 ОМОНИМЫ

推荐术语集 СБОРНИК РЕКОМЕНДУЕМЫХ ТЕРМИНОВ

微观结构 МИКРОСТРУКТУРА

系统 СИСТЕМА

系列词典 СЛОВАРНАЯ СЕРИЯ

下定义的概念 ОПРЕДЕЛЯЮЩЕЕ ПОНЯТИЕ

详解 ТОЛКОВАНИЕ

详解词典 ТОЛКОВЫЙ СЛОВАРЬ

斜体 КУРСИВ

形态学（词法）МОРФОЛОГИЯ

修辞（语体）特征 СТИЛИСТИЧЕСКАЯ ХАРАКТЕРИСТИКА

修订 ПЕРЕРАБОТКА

译语对应词 ПЕРЕВОДНОЙ ЭКВИВАЛЕНТ

音位 ФОНЕМА

用法 УПОТРЕБЛЕНИЕ

语法（学）ГРАММАТИКА

语法标注 ГРАММАТИЧЕСКИЕ ПОМЕТЫ

语法特征 ГРАММАТИЧЕСКАЯ ХАРАКТЕРИСТИКА

语料库 КОРПУС

语料库语言学 КОРПУСНАЯ ЛИНГВИСТИКА

语体（修辞）标注 ПОМЕТА（стилистическая）

语言 ЯЗЫК

语音音标 ТРАНСКРИПЦИЯ（фонетическая）

元词典学 МЕТАЛЕКСИКОГРАФИЯ

原形 КАНОНИЧЕСКАЯ ФОРМА

源语 ВХОДНОЙ ЯЗЫК

中观结构 МЕДИОСТРУКТУРА

种 ВИД

种概念 ВИДОВОЕ ПОНЯТИЕ

重音 УДАРЕНИЕ

主词目 ЧЁРНОЕ СЛОВО
主要重音 ГЛАВНОЕ УДАРЕНИЕ
主重音 ОСНОВНОЕ УДАРЕНИЕ
专科词典 ОТРАСЛЕВОЙ СЛОВАРЬ
专业词汇 СПЕЦИАЛЬНАЯ ЛЕКСИКА
专有名词（专名）СОБСТВЕННЫЕ ИМЕНА СУЩЕСТВИТЕЛЬНЫЕ
再版 ПЕРЕИЗДАНИЕ
字母 БУКВА
字母表 АЛФАВИТ
字母顺序 АЛФАВИТНЫЙ ПОРЯДОК
字体 ШРИФТЫ
自然语言 ЕСТЕСТВЕННЫЙ ЯЗЫК
最低术语词汇量 ТЕРМИНОЛОГИЧЕСКИЙ МИНИМУМ
最低词汇量 ЛЕКСИЧЕСКИЙ МИНИМУМ

附录 3　常见的俄汉科学技术词典

词典名称	收词量	出版社	出版年份
《俄华经济技术辞典》		三联书店	1950
《俄华生物学辞典》		群众书店	1954
《俄华简明测绘辞典》		地质出版社	1954
《俄华简明地质辞典》		地质出版社	1954
《俄华农业辞典》		中华书局股份有限公司	1954
《俄华电信词典》	52000	人民邮电出版社	1955

续表

词典名称	收词量	出版社	出版年份
《俄华水利工程词汇》（初稿，供内部参考）		水利部专家工作室	1955
《俄华两用字典（基本俄语与工程术语）》	24000	上海科学技术出版社	1956
《俄汉航空工程辞典》	80000	国防工业出版社	1956
《俄汉兵工辞典》		国防工业出版社	1956
《俄华土木工程辞典》		上海龙门出版社	1957
《俄汉技术辞典》		群众出版社	1957
《俄华简明地质辞典（增订本）》（2版）		地质出版社	1957
《俄中数学名词》		科学出版社	1958
《俄汉冶金工业词典》	90000	冶金工业出版社	1958
《俄汉矿业技术辞典》		煤炭工业出版社	1958
《俄汉植物地理学、植物生态学、地植物学名词》		科学出版社	1959
《俄汉对照数学专业常用词汇编》	3500	商务印书馆	1959
《俄华邮电经济词汇》	7400	人民邮电出版社	1959
《俄汉动物生态学名词》		科学出版社	1959
《俄汉建筑工程辞典》		建筑工程出版社	1959
《俄华铁路辞典》	57000	人民铁道出版社	1959
《俄华林业辞典》		中国林业出版社	1959
《俄汉对照美术专业常用词汇编》	4500	商务印书馆	1959
《俄汉对照生物专业常用词汇编（植物、植物生理部分）》	11000	商务印书馆	1960
《俄汉植物学词汇》	20000	科学出版社	1960
《俄华农业词典》		农业出版社	1960

续表

词典名称	收词量	出版社	出版年份
《俄汉农业机械化词典》		农垦出版社	1960
《俄汉农业机械化电气化辞典》		农垦出版社	1960
《俄汉综合科技词汇》	70000	科学出版社	1960
《俄语最低限度词汇》（第二次修订本，供工业院校用）		商务印书馆	1960
《俄汉计算技术词汇》		科学出版社	1960
《俄汉水产词汇》		上海科学技术出版社	1960
《俄华原子能词汇》		中国科学院原子核科学委员会	1960
《俄汉对照地理专业常用词汇编》		商务印书馆	1961
《俄汉对照医学专业常用词汇编》		商务印书馆	1961
《俄汉普通经济学和对外贸易词典》		莫斯科国家外贸出版社	1961
《俄华体育词汇》		成都体育学院出版社	1961
《俄汉医学词汇》		人民卫生出版社	1962
《俄汉航空综合词典》		商务印书馆	1962
《俄华简明地球物理探矿辞典》		中国工业出版社	1962
《俄汉机电工程词典（修订本）》		机械工业出版社	1962
《俄汉化学化工词汇》	68000	中国工业出版社	1963
《俄汉兵工辞典》		国防工业出版社	1963
《俄汉石油辞典》		中国工业出版社	1963
《俄华农业词典》		农业出版社	1963
《俄汉冶金工业字典》		中国工业出版社	1963
《俄汉无线电技术词典》	60000	国防工业出版社	1964
《俄汉建筑工程词典》		中国工业出版社	1964
《俄汉对照机械专业常用词汇编》	8000	商务印书馆	1965
《俄华简明地质词典（增订本）》		地质出版社	1965
《俄华简明地质辞典（新1版）》		中国工业出版社	1965
《俄汉气象学词汇》		科学出版社	1965

续表

词典名称	收词量	出版社	出版年份
《俄汉动物学词汇》		科学出版社	1965
《俄汉自动学及检测仪表词汇》		科学出版社	1965
《俄汉冶金工业词典》		冶金工业出版社	1965
《俄汉汽车拖拉机词典》		人民交通出版社	1965
《俄汉水利工程辞典》		水利电力出版社	1979
《俄汉汽车拖拉机词典》		人民交通出版社	1980
《科技俄语常用词汇》	3445	高等教育出版社	1981
《俄汉泵词汇》		中国农业机械出版社	1981
《俄汉遗传学词汇》		科学出版社	1981
《俄汉地球物理词典》	29000	地震出版社	1982
《俄汉经济词汇》	9500	中国社会科学出版社	1982
《俄汉新闻词语汇编》	30000	商务印书馆	1983
《俄汉冶金工业词典（增订本）》	105000	冶金工业出版社	1983
《俄汉经济词典》	55000	北京出版社	1984
《俄汉对照数学专业常用词汇编（增订本）》	4000	商务印书馆	1984
《俄汉对照美术专业常用词汇编（增订本）》	9000	商务印书馆	1984
《俄汉机电工程词典（修订本）》	120000	机械工业出版社	1984
《俄汉科技新词汇》		陕西科学技术出版社	1984
《俄汉科技新词典》		陕西科学技术出版社	1984
《俄汉无线电电子学词汇》	40000	科学出版社	1984
《俄汉石油炼制与石油化工词典》	53000	华东师范大学出版社	1984
《简明农业经济辞典》		江西人民出版社	1984
《俄汉水声学词汇》		海洋出版社	1985
《俄汉科技缩略语词典》	20000	湖南科学技术出版社	1985
《俄汉纺织工业词汇》		纺织工业出版社	1985
《俄汉道路工程词典》		人民交通出版社	1985

续表

词典名称	收词量	出版社	出版年份
《俄汉科技词汇大全》	150000	原子能出版社	1985
《俄汉气象学词汇》		科学出版社	1986
《俄汉科学技术词典》	145000	国防工业出版社	1986
《新俄汉综合科技词汇》	140000	科学出版社	1986
《俄汉汽车拖拉机词典》		人民交通出版社	1986
《俄汉水利水电工程词典》		水利电力出版社	1987
《简明俄汉科技词典》	25000	电子工业出版社	1987
《俄汉农业词典》		农业出版社	1987
《俄汉对照地质专业常用词汇编》		商务印书馆	1987
《俄汉矿业词汇》		煤炭工业出版社	1987
《大俄汉科学技术词典》	356000	辽宁科学技术出版社	1988
《俄汉科技词典》	120000	机械工业出版社	1988
《俄汉船舶科技词典》	100000	国防工业出版社	1988
《俄语科技通用词词典》	3000	电子工业出版社	1988
《新俄汉科技综合词典》		陕西人民出版社	1988
《俄汉科技小词典》	30000	科学技术文献出版社	1988
《新俄汉数学词汇》		科学出版社	1988
《俄汉电子技术辞典》		电子工业出版社	1988
《俄汉化学化工与综合科技词典》	150000	化学工业出版社	1989
《俄汉科技缩略语词典》	35000	机械工业出版社	1989
《俄汉医学词汇》		人民卫生出版社	1989
《俄汉计算机词汇》		科学出版社	1990
《俄汉工业产权词汇》		专利文献出版社	1990
《俄汉科技大词典》	280000	商务印书馆	1990
《俄汉科技新词词典》	38000	轻工业出版社	1990
《俄汉化学化工缩略语词典》		化学工业出版社	1991
《俄汉港口航道工程词典》		人民交通出版社	1991

续表

词典名称	收词量	出版社	出版年份
《俄汉科技词典》	80000	中国科学技术出版社	1991
《简明俄汉电子学词典》		科学技术文献出版社	1991
《俄汉仪器仪表与自动化技术词典》		机械工业出版社	1991
《俄汉综合科技词典》	80000	上海外语教育出版社	1992
《俄汉电信词典》		人民邮电出版社	1992
《俄汉爆破工程词典》		中国地质大学出版社	1992
《俄汉林业科技辞典》		东北林业大学出版社	1993
《俄汉渔业科技词典》		中国科学技术出版社	1993
《俄汉海洋学词汇》	36000	海洋出版社	1993
《俄汉外经外贸词典》		中国对外翻译出版社	1994
《俄汉科技常用词汇》		国防工业出版社	1995
《俄汉海军词典》		海洋出版社	1996
《俄汉经贸词典》		北京出版社	1996
《俄汉建筑工程词典》		中国建筑工业出版社	1996
《最新俄汉国际经贸词典》	50000	商务印书馆	1997
《新俄汉航空词典》		航空工业出版社	1998
《俄汉军事缩略语大词典》	21000	军事谊文出版社	2002
《俄汉国际商务词典》		外语教学与研究出版社	2003
《俄汉国防科技缩略语词典》		兵器工业出版社	2004
《俄汉航空航天航海科技大词典》	200000	西北工业大学出版社哈尔滨工程大学出版社	2006
《俄汉军事大词典》		上海外语教育出版社	2007
《俄汉石油石化科技大词典》	270000	中国石化出版社	2007
《俄汉医学词汇》(外销书，第 2 版)		人民卫生出版社	2007
《新编俄汉商品词汇》		黑龙江科学技术出版社	2007

附录4　本书提到的三部汉俄科学技术词典

词典名称	收词量	出版社	出版年份
《汉俄科技大词典》	50万	黑龙江科学技术出版社	1997
《汉俄科技词典》	7.5万	北京：商务印书馆， 莫斯科：俄语出版社	2006
《汉俄医学大词典》	13万	人民卫生出版社	1987，2006

本书结语

从最初俄国东正教传教士编写小规模词典到由我国资深学者编纂完成的鸿篇巨制《俄汉详解大词典》，俄汉词典编纂实践经历了200余年的时间，编纂理论研究也从早期单一的词典评论发展到对词典各个参数进行多方面的深入研究，初步形成了俄汉词典编纂研究的理论体系。俄汉和汉俄词典的编纂取得了令人瞩目的成绩。在此期间，我国的俄汉—汉俄科技术语词典编纂的实践也取得了丰硕的成果。然而，科技词典编纂理论研究却始终不容乐观。本书以术语学、词典学和语言学的其他学科为基础，对俄汉汉俄科技术语词典编纂的一般理论进行了初步的探讨。现将本书的主要观点和内容概要叙述如下：

随着中俄面向21世纪战略协作伙伴关系的确立，两国的合作和交流全面展开。科技领域合作的比重越来越大。1997～2004年，在中俄总理定期会晤委员会框架下，共召开了八次科技合作分委会例会，共有287个项目列入中俄政府间科技合作计划，领域涉及：航空、航天、机械制造（包括精密机械、机器人）、电子信息技术（包括光电子、网络技术、超级计算机研制）、新材料（包括纳米材料）、冶金、能源动力、高能物理（大功率激光器、核物理）、海洋（包括造船、渔业）、天文、地质、矿业、地震、遥感、水利、石油、化工、农业（农业栽培技术）、医药、生态等诸多领域。2006年和2007年中俄互办国家年，两国科技领域的合作进一步升级。刚刚落幕的2009年中国俄语年和令人期待的2010年的俄罗斯汉语年为两国间的人文科技领域的交流注入了强大的生机和活力，为两国的科技和文化全方位的交流提供了更加广阔的平台。要做好各个领域的科技交流工作，必要的工具书，特别是包括汉、俄两种语言的科技术语词典是须臾不可或缺的。然而，令人遗憾的是，我国的科技术语词典中，涉及俄、汉两种语言的，无论是从已有词典数量、质量上说，还是从理论研究深度与广度上讲，都根本无法与语文词典和英语等其他语种的词典相提并论。

汉、俄科技术语词典的这种现状，主要原因在于我国自主创新的科技术语词典编纂理论模式还没有搭构起来。汉、俄科技词典编纂的理论研究还远未达到外汉词典编纂理论研究的水准。因此，深入研究涉及汉、俄两种语言的科技术语词典编纂理论是当务之急。

本书分为上、中、下三篇。在上篇主要阐述了科技术语词典编纂的一般理论，提出了术语学是俄汉—汉俄科技术语词典编纂的理论基础。中篇为俄汉科技术语词典编纂理论研究。主要内容包括俄汉科技术语词典编纂的理论问题与实践问题，前四章为理论问题的研究，最后一章是对实践问题的探讨。第1章主要对俄汉科技术语词典编纂与研究进行了概述，简单介绍了该类型词典编纂的历史与现状，并对其进行简要评论；第2章是俄汉科技术语词典的类型界定，概括阐述划分词典类型的意义及依据；第3章主要内容为俄汉科技术语词典的宏观结构，包括词典编纂宗旨、词典的体例和标注、词典的收词与立目、词典的前页材料和后页材料、词典的版式与装帧等，这些层面几乎涵盖从词典前言到附录的全部内容；第4章概述了俄汉科技术语词典的微观结构，系统研究词典词条结构中提供的各项信息，如语音信息、语法信息、语义信息、例证信息、联想信息、词源信息等；第5章是俄汉科技术语词典编纂的实践问题，主要研究编纂科技术语词典时资料和蓝本的选择及语料的搜集、词典编纂的自动化、词典编纂方案的制定与组织工作、词典编者培训及词典用户教育等问题。下篇为汉俄科技词典编纂问题探索。正文包括六章，主要内容如下：第1章主要以词典学、双语词典学、术语词典学中有关词典类型划分的理论为依据，对汉俄科技术语词典进行类型界定；第2章在简述汉俄科技术语词典编纂实践历程的同时，总结并分析现存汉俄科技术语词典的若干典型问题；第3章、第4章和第5章则概述该类词典宏观结构与微观结构的一些重要参数信息，这也是本篇的重点内容；第6章是对建构汉俄科技术语词典编纂理论的思考，廓清该类型词典编纂研究的理论范围，并对研究的基本思路进行扼要的阐述。

俄汉—汉俄科技术语词典编纂成果丰厚，编制工艺推陈出新。理论研究逐渐深入，问题范围不断拓宽。编者经验日益丰富，理论水平显著提高。这一切都标志着俄汉—汉俄科技术语词典编纂理论正趋于形成，预示着科技术语词典编纂的广阔前景。

参考文献

1. Grinev S. V. Terminology and Nomenclature in Russian Terminology Science [A] // Terminologie und Nomenclature [C]. — Lang, 1996.

2. Morris Ch. Logical positivism, pragmatism and scientific empirism [M]. P.: Herman, 1937.

3. Апресян Ю. Д. Лексическая семантика [M]. M., 1974.

4. Ахманова О. С. Словарь лингвистических терминов [Z]. — M., Советская Энциклопедия, 1968.

5. Большая Российская энциклопедия: В 30 т. [Z]. M.: Издательство Большая Российская Энциклопедия. 2006.

6. Винокур Г. О. (1939) О некоторых явлениях словообразования в русской технической терминологии [A]. //История отечественного терминоведения: классики терминоведения [C]. — M., 1994.

7. Герд А. С. Ещё раз о значении термина [A]. // Лингвистические аспекты терминологии [C]. Воронеж, 1980.

8. Герд А. С. Прикладная лингвистика [M]. . Изд-ство С.-Петербургского университета, 2005.

9. Герд А. С. Проблемы становления и унификации научной терминологии [J]. //Вопросы языкознания. 1971 (1).

10. Герд А. С. Основы научно-технической лексикографии [M]. Ленинград. Издательство Ленинградского университета, 1986.

11. Гладкая Н. М. Лингвистическая природа и стилистические функции профессиональных жаргонизмов прессы (на материале прессы ГДР и коммунистической прессы ФРГ и Австрии). Автореф. дисс. … канд. филол. наук [D]. — Москва, 1977.

12. Гринёв С. В. Введение в терминологическую лексикографию [M]. М., 1986.

13. Гринёв С. В. Принципы теории терминографии [A]. Теория и практика научно-технической лексикографии [C]. //сб. статей – М., Рус. яз., 1988.

14. Гринёв С. В. Введение в терминографию [M]. 2 – е изд., М., МПУ, 1995.

15. Гринев С. В. Основы лексикографического описания терминосистем: Дис. … док. филол. наук [D]. М., 1990.

16. Гринёв С. В. Семиотические аспекты терминоведения [J]. // Н ТТ. Вып. 2. 1996

17. Гринёв С. В. Терминоведение: итоги и перспективы [A]. // Терминоведение [C]. 1994

18. Гринёв С. В. Введение в терминоведение [M]. Москва. Московский лицей. 1993.

19. Гринев С. В. Исторический систематизированный словарь терминов терминоведения (учебное пособие) [M]. 2 – е изд. М., 2001.

20. Гринев-Гриневич С. В., Гринева В. П., Минкова Л. П., Скопюк Т. Г. Указатель диссертаций по терминоведению [M].

Москва – Белосток, 2006.

21. Гринёв С. В., Лейчик В. М. К истории отечественного терминоведения [M]. Научно – техническая информация. Серия1. Но. 7. Москва, 1999.

22. Гречко В. А. Теория языкознания [M]. М., Высшая школа, 2003.

23. Даниленко В. П. Лингвистические требования к стандартизуемой терминологии, терминология и норма [M]. М., 1972.

24. Даниленко В. П., Скворцов Л. И Нормативные основы унификации терминологии [A]. //Культура речи в технической документации [C]. М., Наука, 1982.

25. Дубичинский В. В. Теоретическая и практическая лексикография [M]. Вена-Харьков, 1998.

26. Как работать над терминологией [M]. М., 1968.

27. Канделаки Т. Л. Значения терминов и системы значений научно-технических терминологий [A]. //Проблемы языка науки и техники. Логические, лингвистические и историко – научные аспекты терминологии [C]. — Москва, Наука, 1970.

28. Капанадзе Л. О понятиях 《термин》 и 《терминология》, Развитие лексики современного русского языка [M]. М., 1965.

29. Караулов Ю. Н. Об одной тенденции в современной лексикографической практике [A]. //Русский язык. Проблемы художественной речи. Лексикология и лексикография. Москва, 1981.

30. Караулов Ю. Н. Современное состояние и тенденции развития русской лексикографии [A]. //Советская лексикография [C].

Москва, 1988.

31. Караулов Ю. Н. Активная грамматика и ассоциативно-вербальная сеть [М]. М: ИРЯ РАН, 1999.

32. Касарес Х. Введение в современную лексикографию [М]. Москва. Издательство иностранной литературы, 1958.

33. Кияк Т. Р. Мотивированность как возможный критерий отбора и упорядочения терминов-интернационализмов [А]. Татаринов В. А. История отечественного терминоведения. В Т. 3. Аспекты и отрасли терминологических исследований (1973 ~ 1993): Хрестоматия [С]. М. Московский Лицей, 2003.

34. Клаус Г. Сила слова [М]. М. , Наука, 1967.

35. Климовицкий Я. А. Термин и обусловленность определения понятия в системе [А].//Проблематика определений терминов в словарях разных типов [С]. Издательство《Наука》, Ленинградское отделение, Ленинград, 1976.

36. Краткое методическое пособие по разработке и упорядочению научно-технической терминологии [М]. М. , 1979.

37. Кузьмин Н. П. Нормативная и ненормативная специальная лексика [А] // Лингвистические проблемы научно-технической терминологии [С]. М, 1970.

38. Латинский язык и основы медицинской терминологии [А]. //под ред. Черняковского М. Н. [С], Минск, 1980.

39. Лейчик В. М. Некоторые вопросы упорядочения, стандартизации и использования научно-технической терминологии [А]. // Термин и слово [С]. — Горький, 1981.

40. Лейчик В. М. Предмет, методы и структура терминоведения:

Автореферат диссертации на соискание доктора филологических наук [D]. М., 1989.

41. Лейчик В. М. Применение системного подхода для анализа терминосистемы [A]. // терминоведение. и профессиональная лингводидактика. Вып. 1 [C]. Москва. 1993.

42. Лейчик В. М. Терминоведение: предмет, методы, структура [M]. Изд. КомКнига, 2006.

43. Лейчик В. Бесекирска Л. Терминоведение: предмет, методы, структура [M]. Biatystok. М. 1998.

44. Лейчик В. М., Налепин В. Л. Обучение терминоведению в Советском Союзе [A].//Научно-техническая терминология [C]. 1986 (7).

45. Лейчик В. М. Прикладное терминоведение n его направления [A]. // Прикладное языкознаиие [C]. СПб., 1996.

46. Лейчик В. М. Обучение преподавателей иностранных языков технических вузов основам терминоведения [A]. //Зональная конференция《Проблемы перевода научно-технической литературы и преподавания иностранных языков в технических вузах》 [C], Ярославль, 1983.

47. Логические, лингвистические и историко-научные аспекты терминологии [M]. — Москва, Наука, 1970.

48. Лотте Д. С. Упорядочение технической терминологии. Социалистическая реконструкция и наука [J]. 1932 (3).

49. Лотте Д. С. Стандартизация терминов. Вестник стандартизации [J]. 1939 (4, 5).

50. Лотте Д. С. Некоторые принципиальные вопросы отбора и

построения научно-технических терминов [J]. Изв. АН СССР. Отделение технических наук. 1940 (7).

51. Маркс К., Энгельс Ф. Соч.: В 20 т. Т. 20 [C]. М.: Политиздат, 1967.

52. Марчук Ю. Н. Основы терминографии [M]. Методическое пособие. М: ЦИИ МРУ, 1992.

53. Морковкин В. В. Об объёме и содержании понятия "теоретическая лексикография" [J]. ВЯ, 6/1987.

54. Никитин М. В. Основы лингвистической теории значения [M]. М., 1988: 49 ~ 58.

55. Потебня А. А. Из записок по русской грамматике [M]. М., 1958. Т. 1 ~ 2.

56. Потебня А. А. Эстетика и поэтика [M]. М., 1976.

57. Правдин М. Н. Словарное толкование, научность и здравый смысл [J]. Вопросы языкознания, 6/1983.

58. Руководство по разработке и упорядочению научно-технической терминологии [M]. М., 1952.

59. Самбурова Г. Г. Круг идей проблемы определений понятий как теоретических аспектов научной терминологии [J]. //Научно-техническая терминология. 2000. Вып. 2.

60. Сенкевич М. П. Стилистика научной речи и литературное редактирование научных произведений [M]. 2 – е изд. М., 1981.

61. Скворцов Л. И. Профессиональные языки, жаргоны и культура речи [A]. // Русская речь [C]. Вып. 1, 1972.

62. Суперанская А. В. Терминология и номенклатура [A]. // Проблематика определений терминов в словарях разных типов [C].

Издательство《Наука》, Ленинградское отделение, Ленинград, 1976.

63. Татаринов В. А. История отечественного терминоведения. Том 3. Аспекты и отрасли терминологических исследований (1973 ~ 1993). Хрестоматия [M]. Московский лицей. 2003.

64. Татаринов В. А. История отечественного терминоведения. Классики терминоведения. Очерк и хрестоматия [M]. Московский лицей. М., 1994.

65. Татаринов В. А. История отечественного терминоведения. Том 2. Направления и методы терминологических исследований. Очерк и хрестоматия. Книга 1 [M]. Московский лицей. М., 1995.

66. Татаринов В. А. История отечественного терминоведения. Т. 3 [M]. Московский лицей, 2003.

67. Хаютин А. Д. Термин, терминология, номенклатура [M]. Самарканд, 1972.

68. Чаплыгин С. А., Лотте Д. С. Задачи и методы работы по упорядочению технической терминологии. Изв. АН СССР. Отделение технических наук [C]. М., 1937 (6).

69. Чернявский М. Н. Латинский язык и основы фармацевтической терминологии [M]. 2 – е изд. М., 1984.

70. Шпет Г. Эстетические фрагменты [M]. Вып. 2. Пг., 1923.

71. Щерба Л. В. Опыт общей теории лексикографии [A]. Языковая система и речевая деятельность [C]. Л. 1974.

72. 陈炳迢.《辞书编纂学概论》 [M]. 上海: 复旦大学出版社, 1991.

73. 陈楚祥. 词典评价标准十题 [J]. 辞书研究, 1994 (1).

74. 陈楚祥, 黄建华. 双语词典的微观结构 [J]. 辞书研究, 1994

（5）.

75. 陈楚祥. 俄语类双语词典发展的世纪回顾［J］. 辞书研究，2001（4）.

76. 陈楚祥. 术语 术语学 术语词典［J］. 外语与外语教学，1994（4）.

77. 陈楚祥. 术语与术语词典［J］. 术语标准化与信息技术，2005（3）.

78. 陈伟.《翻译与词典间性研究》［M］. 上海：上海译文出版社，2007.

79. 柯杜霍夫 B.《普通语言学》［M］. 北京：外语教学与研究出版社，1987.

80. 李幼蒸.《理论符号学导论》［M］. 北京：社会科学文献出版社，1999.

81. 刘青. 科技术语的符号学诠释［J］. 科技术语研究，2002（4）.

82. 方祖. 专科词典的注音［J］. 辞书研究，1982（6）.

83. 冯志伟.《现代术语学引论》［M］. 北京：语文出版社，1997.

84. 冯志伟. 现代术语学的主要流派［J］. 科技术语研究，2001（1）.

85. 高兴. 论我国辞书评论的历史及现状［J］. 辞书研究，1997（4）.

86. 顾劳. 工具书附录浅论［J］. 辞书研究，1993（3）.

87. 何华连. 漫论电子辞书与印刷型辞书［J］. 辞书研究，2001（3）.

88. 胡开宝. 国外当代词典学研究述评［J］. 国外外语教学，2005（4）.

89. 胡明扬等．《词典学概论》［M］. 北京：中国人民大学出版社，1982.

90. 黄建华．双语词典与翻译［J］. 辞书研究，1988（4）.

91. 黄建华，陈楚祥．《双语词典学导论》［M］. 北京：商务印书馆，1997.

92. 黄建华．双语词典的类别划分与评价［J］. 辞书研究，1998（1）.

93. 黄建华．《词典论（修订版)》［M］. 上海：上海辞书出版社，2001.

94. 黄建华等编．《二十世纪中国辞书学论文索引》［M］. 上海：上海辞书出版社，2003.

95. 黄昭厚．科技术语的规范化与辞书编纂［J］. 辞书研究，1995（6）.

96. 黄忠廉．双语科技词典词目宜标重音［J］. 辞书研究，1997（4）.

97. 姜望琪．论术语翻译的标准［A］.《上海翻译－翻译学词典与翻译理论专辑》［C］. 2005.

98. 谢尔巴．词典编纂学一般理论初探［A］. 金晔，译．《词典学论文选译》［C］. 北京：商务印书馆，1981.

99. ［捷］拉迪斯拉夫·兹古斯塔.《词典学概论》［M］. 林书武，等译．北京：商务印书馆，1983.

100. 李尔钢．专科新词和新义问题［J］. 辞书研究，2004（3）.

101. 李明，周敬华．《双语词典编纂》［M］. 上海：上海外语教育出版社，2000.

102. 李水香．插图在双语科技工程词典中的探微［J］. 鹭江职业大学学报，2002（3）.

103. 李宇明. 术语论 [J]. 语言科学, 2002 (2).

104. 林飘凉. 科技专科辞典选词十要 [J]. 辞书研究, 2000 (6).

105. 刘红蕾, 魏向清. 从辞书载体的演变看现代辞书出版 [J]. 辞书研究, 2001 (3).

106. 刘青, 黄昭厚. 科技术语应具有的若干特性 [J]. 科技术语研究, 2003 (5).

107. 刘青. 关于科技术语定义的基本问题 [J]. 科技术语研究, 2004 (3).

108. 刘相国. 一部比较好的综合性双语词典——评《大俄汉科学技术词典》[J]. 外语与外语教学, 1990 (6).

109. 刘怡翔. "科技" 是一种汉语语言现象——与邹承鲁、王志珍二院士商榷 [J]. 科技术语研究, 2006 (2).

110. 陆嘉琦. 浅议汉语辞书排检法的标准化 [A]. 《中国辞书论集 1997》[C]. 北京: 商务印书馆, 1999.

111. 罗益民, 文旭主编. 《双语词典新论》[C]. 成都: 四川出版集团, 四川人民出版社, 2007.

112. 马菊红. 浅谈汉俄科技翻译 [J]. 中国科技翻译, 2002 (3).

113. 潘国民. 编纂大型双语词典的组织工作述要 [J]. 辞书研究, 2000 (1).

114. 潘树广. 论辞书用户教育 [J]. 辞书研究, 1988 (4).

115. 彭漪涟等. 《概念论——辩证逻辑的概念理论》[M]. 上海: 学林出版社, 1990.

116. 钱厚生. 双语专科词典设计与编纂 [J]. 外语与外语教学, 1995 (4).

117. 任念麒. 双语专科词典应该注音 [J]. 辞书研究, 1983 (3).

118. 萨夫罗诺夫 M. B. 华俄词典编纂史 [J]. 谢载福, 译. 辞书研究, 1988 (4).

119. 苏宝荣. 专科辞书的知识性释义和语词性释义 [A]. 《辞书编纂经验荟萃》[C]. 上海: 上海辞书出版社, 1992.

120. 孙吉娟, 谢之君. 两本中型汉英词典的微观结构比较——《新汉英词典》和《实用汉语词典》 [A]. 《双语词典新论》[C]. 成都: 四川人民出版社, 2007.

121. 涂尚银. 《俄文工具书指南》 [M]. 成都: 四川人民出版社, 1989.

122. 王铭玉. 符号学与语言学 [J]. 外语研究, 1999.

123. 王馥芳. 《当代语言学与词典创新》[M]. 上海: 上海辞书出版社, 2004.

124. 王乃文. 谈大型综合性外汉科技词典的编纂 [J]. 外语与外语教学, 1989 (4).

125. 王毅成. 评《俄汉科技词汇大全》 [J]. 辞书研究, 1997 (3).

126. 王毅成. 双语专科词典的性质和类型 [J]. 辞书研究, 2000 (6).

127. 王毅成. 双语专科词典的收词立目和释义 [J]. 辞书研究, 2002 (3).

128. 王忠亮. 《汉俄医学大辞典》中医中药词条译编体会 [J]. 现代外语, 1992 (1).

129. 文军. 双语专科词典需上一个新台阶 [J]. 辞书研究, 1995 (6).

130. 文军．双语专科词典宏观微观结构分析及改进构想［J］．重庆大学学报（社会科学版），1996（1）．

131. 文军．《英语词典学概念》［M］．北京：北京大学出版社，2006.

132. 吴丽坤．俄语术语研究：术语的性质、语义与构成［D］．黑龙江大学博士学位论文．2005.

133. 武继红．浅析理论词典学的发展［J］．辞书研究，2002（5）．

134. 夏振中．综合技术词典［J］．辞书研究，1980（3）．

135. 《现代汉语词典》［Z］，商务印书馆，2003.

136. 谢尔巴Л. В. 著，金晔译．词典编纂学一般理论初探［A］．《词典学论文选译》［C］．北京：商务印书馆，1981.

137. 尹学义．试论双语词典的继承与发展［J］．辞书研究，1997（4）．

138. 曾大力．谈谈专科辞典的附录［J］．辞书研究，1995（2）．

139. 曾东京主编．《双语词典研究》［C］．上海：上海外语教育出版社，2003.

140. 张春新．《汉俄教学字典》：理论构建与编纂实践总结［D］．黑龙江大学博士学位论文．2003.

141. 张后尘．双语词典研究与双语词典谱系［J］．外语与外语教学，1987（4）．

142. 张后尘主编．《双语词典学研究》［C］．北京：高等教育出版社，1994.

143. 张后尘．混合型双语词典类型研究［J］．辞书研究，1995（1）．

144. 张后尘．双语词典质量标准与质量保障对策［J］．辞书研究，

1995（6）.

145. 张金忠.《俄汉词典编纂论纲》[M]. 哈尔滨：黑龙江人民出版社，2005.

146. 张金忠. 俄国术语学教学概观 [J]. 术语标准化与信息技术，2006（2）.

147. 张金忠. 对建构汉俄科技术语词典编纂理论的思考 [A].《双语词典新论》[C]. 成都：四川人民出版社，2007.

148. 张金忠.《基于类推机制建构的俄语词汇知识库》[M]. 哈尔滨：黑龙江人民出版社，2007.

149. 章宜华.［美］Sidney I. Landau.《词典编纂的艺术与技巧（第二版）》[M]. 夏立新，译. 北京：商务印书馆，2005.

150. 征钧，冯华英. 新世纪双语词典编纂工作发展新趋势 [J]. 辞书研究，2001（1）.

151. 郑述谱. 双语词典编纂如何利用蓝本资料 [J]. 辞书研究，1992（1）.

152. 郑述谱. 辞书体例漫议 [J]. 外语学刊，1998（4）.

153. 郑述谱. 谈谈辞书体例 [J]. 辞书研究，2001（3）.

154. 郑述谱. 德列津的术语理论与实践 [J]. 外语学刊，2002（4）.

155. 郑述谱. 作为术语学家的 Винокур [J]. 外语学刊，2003（2）.

156. 郑述谱. 列福尔马茨基的术语学思想 [J]. 外语学刊，2004（3）.

157. 郑述谱.《俄罗斯当代术语学》 [M]. 北京：商务印书馆，2005.

158. 郑述谱. 试论术语在不同词典中释义的差异与共性 [J]. 外语

学刊，2006（6）.

159. 郑述谱．俄国术语词典学理论发展概览［J］. 辞书研究，2005（1）.

160. 郑述谱．术语学的研究方法［J］. 术语标准化与信息技术，2004（2）.

161. 郑述谱．《俄罗斯当代术语学》［M］. 北京：商务印书馆，2005.

162. 郑述谱．《词典 词汇 术语》［M］. 哈尔滨：黑龙江人民出版社，2005.

163. 郑述谱．高等学校应该开设术语学课程［J］. 科技术语研究，2003（2）.

164. 朱建华．计算机编纂德汉科技词典的探索［J］. 辞书研究，1993（3）.

165. 邹树明．我国双语科技辞书的标准化问题［J］. 辞书研究，1987（4）.

辞书类

1.《俄汉化学化工与综合科技词典》. 北京：化学工业出版社，1989.

2.《俄汉科学技术词典》. 北京：国防工业出版社，1986.

3.《俄汉石油石化科技大词典》. 北京：中国石化出版社，2007.

4.《俄汉冶金工业词典（增订本)》. 北京：冶金工业出版社，1983.

5.《俄汉综合科技词典》. 上海：上海外语教育出版社，1989.

6.《俄汉综合科技词汇》. 北京：科学出版社，1960.

7. 贺光辉等编订．《俄汉无线电电子学词汇》. 北京：科学出版社，1984.

8. 胡瑢等编．《俄汉科技缩略语词典》．北京：机械工业出版社，1989.

9. 黄士增主编．《简明俄汉科技词典》．北京：电子工业出版社，1987.

10. 蓝仁侠等编．《新俄汉综合科技词汇》．北京：科学出版社，1986.

11. 李忠文主编．《俄汉科技小词典》．北京：科学技术文献出版社，1988.

12. 刘兴堂主编．《俄汉航空航天航海科技大词典》．西安：西北工业大学出版社，哈尔滨：哈尔滨工程大学出版社，2006.

13. 洛阳工学院修订．《俄汉机电工程词典（修订本）》．北京：机械工业出版社，1984.

14. 铁道部国际联运局翻译处编．《俄华铁路辞典》．北京：人民铁道出版社，1959.

15. 王槐曼主编．《俄汉科技大词典》．北京：商务印书馆，1990，2004.

16. 王乃文主编．《大俄汉科学技术词典》．沈阳：辽宁科学技术出版社，1988.

17. 王同亿主编．《俄汉科技词汇大全》．北京：原子能出版社，1985.

18. 王渊喆主编．《俄汉科技词典》．北京：机械工业出版社，1988.

19. 许百春主编．《俄汉船舶科技词典》．北京：国防工业出版社，1988.

20. 许洪明主编．《俄汉石油炼制与石油化工词典》．上海：华东师范大学出版社，1984.

21. 张后尘主编.《俄语科技通用词词典》. 北京：电子工业出版社，1988.

22. 张后尘主编.《俄汉科技新词词典》. 北京：轻工业出版社，1990.

23. 顾柏林，张草纫，苏哈诺夫（Суханов В. Ф.）等编.《汉俄科技词典》. 北京：商务印书馆，莫斯科：俄语出版社，2006.

24. 汪仁树，侯继云主编.《汉俄科技大词典》. 哈尔滨：黑龙江科学技术出版社，1992.

25. 王槐曼主编.《俄汉科技大词典》. 北京：商务印书馆，1990.

26. 王乃文主编.《大俄汉科学技术词典》. 沈阳：辽宁科学技术出版社，1993.

27.《俄汉航空航天航海科技大词典》. 西安：西北工业大学出版社，2006.

28.《汉英海洋科技词典》. 北京：海洋出版社，1996.

29.《牛津高阶英汉双解词典》. 北京：商务印书馆，香港：牛津大学出版社，2001.

30.《英汉汽车综合词典》. 北京：北京理工大学出版社，2006.

31. Толковый словарь русского языка. Под редакцией Ушакова. Государственное издательство иностранных и национальных словарей, 1935 ~ 1940. Т. 1 ~ 4.